Markus Berger
Kleines Lexikon der Nachtschattengewächse

Aus der Reihe:
Die Nachtschattengewächse – Eine faszinierende Pflanzenfamilie
Hrsg. von Roger Liggenstorfer und Christian Rätsch

Weitere Titel in dieser Reihe:
Wolf-Dieter Storl: Götterpflanze Bilsenkraut (2000)
Christian Rätsch: Schamanenpflanze Tabak I (2002)
Christian Rätsch: Schamanenpflanze Tabak II (2003)
Patricia F. Ochsner: Hexensalben & Nachtschattengewächse (2003)
Markus Berger: Stechapfel und Engelstrompete (2003)
Claudia Müller-Ebeling, C. Rätsch: Zauberpflanze Alraune (2004)
Markus Berger, Oliver Hotz: Die Tollkirsche (2008)
Orestes Davias: Chilifeuer & Knollengenuss (2009)

Markus Berger

Kleines Lexikon der Nachtschattengewächse

Ein Überblick über die Arten der Familie Solanaceae

Impressum

Verlegt durch
NACHTSCHATTEN VERLAG AG
Kronengasse 11
CH - 4502 Solothurn
www.nachtschattenverlag.ch
info@nachtschatten.ch

Layout: Janine Warmbier

Umschlaggestaltung: Janine Warmbier

Korrektorat: Nina Seiler

Herstellung: Druckerei und Verlag Steinmeier, Deiningen
Printed in Germany
ISBN: 978-3-03788-109-5

Botanische Schreibweise beruht auf:
Zander (W. Erhardt et al.), *Handwörterbuch der Pflanzennamen,* 17. Aufl., Stuttgart: Eugen Ulmer, 2002
Helmut Genaust, *Etymologisches Wörterbuch der botanischen Pflanzennamen*, 3. Auflage, Basel usw.: Birkhäuser, 1996

Bildnachweis

Markus Berger: Seiten 9, 26, 33, 40, 45, 46, 57, 72, 94, 100, 102, 111, 112, 114, 115, 116, 129, 137, 140 sowie Farbtafeln 1 oben, 2 oben, 3 oben, 4 oben, 5 unten, 6 unten, 7 oben, 7 unten, 8 unten

Christian Rätsch: Seiten 48, 60, 74, 104, 135, 152 sowie Farbtafeln 1 unten, 2 unten, 3 unten, 4 unten, 5 oben, 6 oben, 8 oben

Aus alten Büchern: Illustrationen auf Seiten 62, 151

Inhalt

Vorwort

Es gibt kaum etwas Empörenderes als die sklavische Furcht, die der Autoritätsglaube dem Menschen einprägt und einbrennt; ein Gefühl, dessen blasse Nachtschatten bis in die späte Reife des Denkenden hineinreichen. Wie lange währt es, bis man diese beschämenden Fußfesseln des freien Gedankens nicht nur ganz abgeschüttelt, nein, auch sich völlig aus den Augen geschafft hat!

Christian Morgenstern (1871 - 1914)

Verborgene Mysterien aus den Schatten der dunklen Nacht: Dergleichen fasziniert den Menschen - und zwar seit jeher. Vielleicht verbinden wir deshalb mit den Nachtschattengewächsen zumeist etwas höchst Geheimnisvolles. Die Tollkirsche, die uns mit ihren tiefschwarzen Augen unheimlichen Blickes anzuschauen scheint, der rätselhafte Alraun, dessen in ihrer Gestalt menschenähnliche Wurzel beim Ausgraben schrille Schreie von sich geben soll, der Stechapfel, dessen Inhaltsstoffe einst möglicherweise bereits Schneewittchen vergiftet haben, und das sagenumwobene Bilsenkraut, das schon immer eng im Zusammenhang mit magischen Ritualen steht, scheinen von einer geradezu überirdischen Aura umsäumt. - Wann immer es um Nachtschattengewächse geht, assoziiert der Mensch zauberhafte und unheimliche Geschichten. Betrachtet man diese Pflanzenfamilie aber einmal wissenschaftlichen Auges, so eröffnet sich eine vollkommen neue Dimension: Dann heißen die Pflanzen nicht mehr nur Nachtschattengewächse, sondern *Solanaceae*. Dann sieht man sich einer schier unüberschaubaren Vielfalt an Gattungen und Spezies gegenüber. Dann hat man es mit einer theoretischen Systematik zu tun, über die nicht immer Einigkeit herrscht. Dann wird der

Thematik plötzlich ein enormes Quantum an Magischem entzogen, und dann geht es um bloße Taxonomie und Forschung.

Dabei schließen sich beide Bereiche, der mythologisch-ethnologische und der wissenschaftliche, nicht aus. Im Gegenteil. Das Wissen um den Stand der eher drögen Theorie wird durch die Kenntnis um die Verwendung und Wirkung jener Pflanzen jeder Trockenheit beraubt. Plötzlich wird Wissenschaft lebendig, anschaulich, greifbar. Mit vorliegendem Nachschlagewerk tragen wir unseren Teil genau dazu bei und schließen gleichzeitig das umfassende Kompendium zu den Nachtschattengewächsen ab.

Der Überblick über sämtliche Gattungen der *Solanaceae* verschafft einerseits Klarheit darüber, welch quantitativer Umfang diese Familie wirklich ausmacht – und verdeutlicht damit einmal mehr, wie schmal dagegen die Palette der rituell und medizinisch genutzten Nachtschattengewächse ist. Andererseits gibt dieses Lexikon Einblick in die strenge botanische Taxonomie und muss sich somit bis zu einem gewissen Grad den Vorwurf gefallen lassen, den Hauch von Magie, der die bekanntesten Nachtschattengewächse umgibt, wenigstens zum Teil davonzuwehen. Denn die meisten der Solanaceen werden rituell und medizinisch überhaupt nicht genutzt. Viele sind dem Volksmund nicht einmal annähernd bekannt. Aber das ist nicht weiter tragisch. Denn die *Solanaceae* – diese faszinierende Pflanzenfamilie der Nachtschattengewächse – waren, sind und bleiben eine der interessantesten Gruppen im Reich der Pflanzen. Und zu dieser liegt dem Leser mit dem nun vervollständigten Kompendium des Nachtschatten-Verlags ein Gesamtwerk vor, das kaum eine Frage offen lässt.

Markus Berger, Sundhof/Graz im Sommer und Herbst 2010

Einleitung

Für die botanische Systematik der *Solanaceae* existieren drei Modelle. Das Kleine Lexikon der Nachtschattengewächse basiert auf jenem des argentinischen Botanikers A.T. Hunziker, dessen Klassifikation mir am schlüssigsten scheint. Damit werden einzelne, von anderen Forschern einbezogene Gattungen aus der wissenschaftlichen Stammtafel der Nachtschattengewächse ausgeklammert - aber auch das ist von Hunziker durchaus immer begründet. Ohne weiter in die tiefsten Tiefen der Botanik dringen zu wollen, einigen wir uns darauf, meinen Entschluss stillschweigend zu akzeptieren und im Bedarfsfall eines der anderen beiden Systeme aus eigener Kraft zu konsultieren. Allein schon, um jenem optionalen Wunsche meiner Leserschaft entgegenzukommen, habe ich beschlossen, den Klassifikationen aller drei Autoren zuvor Raum zu verschaffen - der nachfolgende Abschnitt entspricht dieser Entscheidung.

Keine Beachtung finden hingegen in der Gesamtheit des lexikalischen Katalogteils die diversen und mannigfaltigen Synonyma, die im Lauf der botanischen Entwirrungsarbeit für einzelne Spezies vergeben wurden. Diese Verknüpfungen aufzuführen hätte den Rahmen des vorliegenden Werkes deutlich gesprengt. Auch wäre der Nutzwert dieses Lexikons dadurch nicht signifikant bereichert worden. Nur um ein Beispiel zu bringen: Dass es sich beispielsweise bei *Iochroma australis, Iochroma australe, Dunalia australia* und *Acnistus australis* um ein und dieselbe Art handelt, mag den Wissenschaftler interessieren. Für das Kleine Lexikon der Nachtschattengewächse ist diese Information allenfalls von sekundärer Bedeutung. Die Indizierung all jener Mehrfachbenennungen führte in summa höchstens dazu, dass der Leser sich hätte durch unaufhörliche Urwälder von wissenschaftlichen Bezeichnungen kämpfen müssen - und das, ohne einen nennenswerten Nutzen daraus ziehen zu können. Freilich habe ich jedoch in solchen Fällen, wo es praktisch und einvernehmlich sinnvoll ist, entsprechende Querverweise eingeflochten und durchaus die gängigen und/oder verwirrenden Synonyma aufgeschlüsselt. Das ist zum Beispiel der Fall bei der Tomate, die von den einen als *Lycopersicon lycopersicum*, von anderen aber als *Solanum lycopersicum* bezeichnet wird.

Noch ein Wort zu den aufgeführten Spezies der einzelnen Gattungen. Diese verstehen sich als Auswahl der wichtigsten Arten - nicht als vollständige Wiedergabe aller bekannten Pflanzen einer bestehenden Gattung. Einzig dort, wo lediglich eine bis vier Spezies kommentarlos gelistet wurden, ist die Kollektion vollständig, und es existiert keine weitere Vielfalt. Bei Gattungen, deren Artenreichtum 200 bis gar über 2000 (im Falle von *Solanum*) umfasst, hätte die vollständige Katalogisierung dieses Werk leicht zu einem 500-Seiten-Schinken anwachsen lassen. Der Verlag hätte sich bedankt. Und der Leser auch. Denn der Nutzwert von seitenlangen Auflistungen einzelner Pflanzennamen ist ab einem gewissen Umfang in Frage zu stellen.

Ich habe versucht, zu jeder Gattung die gängigen Trivialnamen zu recherchieren. Dieser Versuch kann als gelungen bezeichnet werden. Wann immer aber unterhalb des Stichworts keine volkstümliche Bezeichnung vermerkt ist, kann davon ausgegangen werden, dass eine solche nicht existent ist. Sollte mir trotz aller Akribie eine Benamsung durch die Lappen gegangen sein, bitte ich den schlaueren Leser, mich das via Verlag wissen zu lassen.

Und schließlich zu den von mir verwendeten Quellen: Eines der wichtigsten Werke innerhalb der pharmakobotanischen Literatur ist zweifellos Christian Rätschs *Enzyklopädie der psychoaktiven Pflanzen.* Diese bietet - von klitzekleinen und höchst selten vorkommenden Unzulänglichkeiten abgesehen - absolut verlässliche Informationen, ist jedoch längst nicht der Weisheit letzter Schluss. Wie auch immer:

Ich habe mich bei der Bearbeitung der bekannten psychoaktiven Solanaceen auf Rätsch gestützt, weil das in seiner Enzyklopädie zusammengetragene Wissen auf mannigfaltigen wertvollen Quellen beruht. So findet der tiefer gehend Interessierte in diesem Standardwerk einen umfangreichen und schier unerschöpflichen Reichtum an Angaben zu weiterführender Literatur. Darüber hinaus gelten sämtliche Bände dieses nun kompletten Kompendiums über die Nachtschattengewächse als essentieller bibliografischer Pool, der jegliche weitere Forschungsarbeit ohne Schwierigkeiten möglich machen sollte.

Eine Zuchtform des Ziertabaks, wie sie im Gartenhandel häufig verkauft wird.

Die Systematik der Solanaceae - Eine einführende Übersicht

Reich: Plantae
Stamm: Magnoliophyta
Klasse: Magnoliopsida
Ordnung: Solanales
Familie: Solanaceae

Wie so häufig in der Botanik und den anderen biologischen Wissenschaften, gibt es nicht ausschließlich eine universelle Wahrheit, sondern eine Vielfalt an wissenschaftlichen Meinungen. Wenn es um die Nachtschattengewächse geht, findet der Interessierte in der Literatur drei Systeme vor, von denen keines allgemeingültig anerkannt ist. Und zwar von den Pflanzenforschern William G. D'Arcy und Richard G. Olmstead aus den USA und Armando Teodoro Hunziker aus Argentinien. Mir persönlich scheint die Systematik nach Hunziker am schlüssigsten, weshalb ich diese für vorliegendes Lexikon verwendet habe. Innerhalb dieses Kapitels werde ich jedoch auch die Systeme D'Arcys und Olmsteads abbilden. Möge der geneigte Pflanzenfreund sich am Ende selbst entscheiden, welchem System er den Vorzug gibt.

I. Familie Solanaceae nach A.T. Hunziker
(in diesem Buch verwendet)

Unterfamilie Cestroideae

Tribus Cestreae
Gattung Cestrum
Gattung Vestia
Gattung Sessea

Tribus Metternichieae
Gattung Metternichia

Tribus Latueae
Gattung Latua

Tribus Nicotianeae
Untertribus Nicotianinae
Gattung Nicotiana
Gattung Petunia
Gattung Fabiana

Untertribus Nierembergiinae
Gattung Nierembergia
Gattung Bouchetia

Untertribus Leptoglossinae
Gattung Leptoglossis
Gattung Hunzikeria
Gattung Plowmania

Tribus Benthamielleae
Gattung Benthamiella

Gattung Pantacantha
Gattung Combera

Tribus Francisceae
Gattung Brunfelsia

Tribus Browallieae
Gattung Browallia
Gattung Streptosolen

Tribus Schwenckieae
Gattung Schwenckia
Gattung Melananthus
Gattung Protoschwenckia
Gattung Heteranthia

Unterfamilie Juanulloideae

Gattung Juanulloa
Gattung Dyssochroma
Gattung Ectozoma
Gattung Hawkesiophyton
Gattung Markea
Gattung Merinthopodium
Gattung Rahowardiana
Gattung Schultesianthus
Gattung Trianaea

Unterfamilie Solanoideae

Tribus Nicandreae
Gattung Nicandra

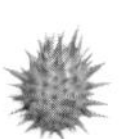

Tribus Mandragoreae
Gattung Mandragora

Tribus Datureae
Gattung Datura
Gattung Brugmansia

Tribus Lycieae
Gattung Lycium
Gattung Phrodus
Gattung Grabowskia

Tribus Solaneae
Untertribus Witheringinae
Gattung Witheringia
Gattung Brachistus
Gattung Cuatresia
Gattung Deprea
Gattung Discopodium
Gattung Exodeconus
Gattung Jaltomata
Gattung Nothocestrum
Gattung Acnistus

Untertribus Physalinae
Gattung Physalis
Gattung Quincula
Gattung Leucophysalis
Gattung Chamaesaracha

Untertribus Iochrominae
Gattung Iochroma
Gattung Saracha
Gattung Oryctes

Gattung Tubocapsicum

Untertribus Capsicinae
Gattung Capsicum
Gattung Aureliana
Gattung Athenaea
Gattung Darcyanthus
Gattung Eriolarynx
Gattung Vassobia
Gattung Larnax
Gattung Dunalia
Gattung Withania

Untertribus Solaninae
Gattung Solanum
Gattung Cyphomandra
Gattung Lycopersicon
Gattung Lycianthes
Gattung Triguera
Gattung Normania

Tribus Atropeae
Gattung Atropa

Tribus Jaboroseae
Gattung Jaborosa
Gattung Salpichroa
Gattung Nectouxia

Tribus Solandreae
Gattung Solandra

Tribus Hyoscyameae
Gattung Hyoscyamus

Gattung Anisodus
Gattung Atropanthe
Gattung Physochlaina
Gattung Przewalskia
Gattung Scopolia

Unterfamilie Salpiglossoideae

Gattung Salpiglossis
Gattung Reyesia

Unterfamilie Schizanthoideae

Gattung Schizanthus

Unterfamilie Anthocercidoideae

Gattung Anthocercis
Gattung Anthotroche
Gattung Cyphanthera
Gattung Crenidium
Gattung Duboisia
Gattung Grammosolen
Gattung Symonanthus

Hunziker ordnet folgende Gattungen nicht in die Familie der *Solanaceae* ein: *Bissea, Coeloneurum, Duckeodendron, Eutheta, Espadaea, Goetzea, Lithophytum, Nolana, Parabouchetia, Retzia, Sclerophylax, Tsoala, Tunaria* und *Valerioa*.

II. Familie Solanaceae nach R.G. OLMSTEAD

Unterfamilie Cestroideae

Tribus Browallieae
Gattung Browallia
Gattung Streptosolen

Tribus Cestreae
Gattung Cestrum
Gattung Metternichia
Gattung Sessea
Gattung Vestia

Tribus Salpiglossideae
Gattung Reyesia
Gattung Salpiglossis

Unterfamilie Goetzeoideae

Gattung Coeloneurum
Gattung Espadaea
Gattung Goetzea
Gattung Henoonia

Unterfamilie Petunioideae

Gattung Benthamiella
Gattung Bouchetia
Gattung Brunfelsia
Gattung Calibrachoa
Gattung Combera
Gattung Fabiana

Gattung Hunzikeria
Gattung Latua
Gattung Leptoglossis
Gattung Nierembergia
Gattung Pantacantha
Gattung Petunia
Gattung Plowmania

Unterfamilie Schizanthoideae

Gattung Schizanthus

Unterfamilie Schwenckioideae

Gattung Heteranthia
Gattung Melananthus
Gattung Protoschwenckia
Gattung Schwenckia

Unterfamilie Nicotianoideae

Tribus Anthocercideae
Gattung Anthocercis
Gattung Anthotroche
Gattung Crenidium
Gattung Cyphanthera
Gattung Duboisia
Gattung Grammosolen
Gattung Symonanthus

Tribus Nicotianeae
Gattung Nicotiana

Unterfamilie Solanoideae

Tribus Capsiceae
Gattung Capsicum
Gattung Lycianthes

Tribus Datureae
Gattung Brugmansia
Gattung Datura
Gattung Methysticodendron

Tribus Hyoscyameae
Gattung Anisodus
Gattung Atropa
Gattung Atropanthe
Gattung Hyoscyamus
Gattung Physochlaina
Gattung Przewalskia
Gattung Scopolia

Tribus Jaboroseae
Gattung Jaborosa

Tribus Solandreae
Untertribus Juanulloinae
Gattung Dyssochroma
Gattung Ectozoma
Gattung Hawkesiophyton
Gattung Juanulloa
Gattung Markea
Gattung Merinthopodium
Gattung Rahowardiana
Gattung Schultesianthus
Gattung Trianaea

Untertribus Solandrinae
Gattung Solandra

Tribus Lycieae
Gattung Grabowskia
Gattung Lycium
Gattung Phrodus

Tribus Mandragoreae
Gattung Mandragora

Tribus Nicandreae
Gattung Exodeconus
Gattung Nicandra

Tribus Nolaneae
Gattung Alona
Gattung Nolana

Tribus Physaleae
Untertribus Iochrominae
Gattung Acnistus
Gattung Dunalia
Gattung Iochroma
Gattung Saracha
Gattung Vassobia

Untertribus Physalinae
Gattung Brachistus
Gattung Chamaesaracha
Gattung Leucophysalis
Gattung Magaranthus
Gattung Oryctes
Gattung Quincula

Gattung Physalis
Gattung Witheringia

Untertribus Salpichroinae
Gattung Nectouxia
Gattung Salpichroa

Untertribus Withaninae
Gattung Archiphysalis
Gattung Athenaea
Gattung Aureliana
Gattung Cuatresia
Gattung Deprea
Gattung Larnax
Gattung Mellissia
Gattung Physalisatrum
Gattung Tubocapsicum
Gattung Withania

Tribus Solaneae

Gattung Cyphomandra
Gattung Discopodium
Gattung Jaltomata
Gattung Lycopersicon
Gattung Normania
Gattung Nothocestrum
Gattung Solanum
Gattung Triguera

Anmerkung: Es existiert eine neuere Systematik nach Olmstead, die 2007 erstellt wurde. Diese ist aber derart konfus und verwirrt den Pflanzenfreund mit ungezählten Gattungen, die plötzlich nicht mehr

in die diversen Triben eingeordnet sind. Daher erspare ich dem Leser die entsprechende Übersicht und beschränke mich auf die bekanntere Systematik, auf die im Folgenden ohnehin nicht näher eingegangen wird. Für dieses Buch ist ausschließlich das System nach Hunziker von Relevanz.

III. Familie Solanaceae nach W. G. D'ARCY

Unterfamilie Solanoideae

Tribus Solaneae
Gattung Acnistus
Gattung Athenaea
Gattung Capsicum
Gattung Cacabus
Gattung Cuatresia
Gattung Cyphomandra
Gattung Deprea
Gattung Dunalia
Gattung Exodeconus
Gattung Iochroma
Gattung Jaltomata
Gattung Lycopersicon
Gattung Withania
Gattung Physalis
Gattung Leucophysalis
Gattung Magaranthus
Gattung Quincula
Gattung Saracha
Gattung Hebecladus
Gattung Archiphysalis
Gattung Chamaesaracha

Gattung Solanum
Gattung Lycianthes
Gattung Brachistus
Gattung Vassobia
Gattung Witheringia
Gattung Atropa
Gattung Hyoscyamus
Gattung Mandragora

Tribus Daturae
Gattung Brugmansia
Gattung Datura

Tribus Jaboroseae
Gattung Jaborosa
Gattung Salpichroa
Gattung Trechonaetes

Tribus Lycieae
Gattung Grabowskia
Gattung Lycium
Gattung Phrodus

Tribus Nicandreae
Gattung Nicandra

Tribus Solandreae
Gattung Solandra
Gattung Trianaea

Tribus Juanulloeae
Gattung Hawkesiophyton
Gattung Juanulloa
Gattung Markea

Gattung Schultesianthus
Gattung Rahowardiana

Tribus Hyoscyameae
Gattung Hyoscyamus
Gattung Scopolia
Gattung Physochlaina

Nicht eingeordnete Gattungen
Gattung Discopodium
Gattung Mellissia
Gattung Nectouxia
Gattung Nothocestrum
Gattung Oryctes
Gattung Pauia
Gattung Triguera
Gattung Sterrhymenia

Unterfamilie Cestroideae

Tribus Cestreae
Gattung Cestrum
Gattung Metternichia
Gattung Sessea
Gattung Sesseopsis
Gattung Vestia
Gattung Phrodus

Tribus Nicotianea
Gattung Benthamiella
Gattung Bouchetia
Gattung Combera
Gattung Nicotiana
Gattung Nierembergia

Gattung Pantacantha
Gattung Petunia
Gattung Fabiana
Gattung Latua

Tribus Salpiglossideae
Gattung Browallia
Gattung Brunfelsia
Gattung Leptoglossis
Gattung Reyesia
Gattung Salpiglossis
Gattung Hunzikeria
Gattung Schizanthus
Gattung Streptosolen

Tribus Schwenckieae
Gattung Melananthus
Gattung Protoschwenckia
Gattung Schwenckiopsis
Gattung Schwenckia

Tribus Parabouchetieae
Gattung Parabouchetia

Tribus Anthocercideae
Gattung Anthocercis
Gattung Anthotroche
Gattung Crenidium
Gattung Cyphanthera
Gattung Duboisia
Gattung Grammosolen
Gattung Symonanthus

Nicht eingeordnete Gattungen
Gattung Anisodus
Gattung Atrichodendron
Gattung Heteranthia
Gattung Przewalskia

Petunien sind beliebte Pflanzen für den Balkon und den Blumenkasten.

Lexikon der Nachtschattengewächse

von A bis Z

Acnistus

Australischer Glockenstrauch
Australischer Veilchenstrauch
Blaue Trompetenblume
Mini-Engelstrompete

Unterfamilie Solanoideae, Tribus Solaneae, Untertribus Witheringinae

Spezies:
Acnistus arborescens (L.) SCHLECHT. (Hollowheart, Wild Tobacco)
Acnistus australis (Griseb.) GRISEB. (Australischer Glockenstrauch)
Acnistus cauliflorus (N. J. JACQUIN) H. W. SCHOTT

Aussehen:
Bei den Spezies der Gattung *Acnistus* handelt es sich um laubwerfende Sträucher mit eiförmigen bis elliptischen Blättern. Die trompetenförmigen, himmelblauen bis blauen, cremefarbenen bis weißen Blüten der dauerblühenden Gehölze erinnern an Miniaturen des Brugmansiaflors.

Vorkommen:
Karibik, USA, Mittel- und Südamerika.

Kulturgeschichtliche Verwendung:
Acnistus arborescens enthält Withanolide und weist neueren Forschungen nach zytotoxische und fungizide Eigenschaften auf (ROUMY et al. 2010). In der amerikanischen Ethnobotanik sind alle *Acnistus*-Arten schon lange als antitumorale Pharmaka bekannt (HARTWELL 1967–71). Zubereitungen und Extrakte aus *Acnistus arborescens* werden außerdem bei Erkältung, Fieber, Migräne, Mumps und Neuralgien sowie als Diuretikum verwandt (HARTWELL 1967–71; ALTSCHUL 1973; WONG 1976). Die Rinde des *Acnistus arborescens* ist bei Orchideen-

freunden beliebt, denn sie liefert ein wunderbares Substrat für verschiedene Orchidaceae. Die Früchte der Pflanze sind essbar und eignen sich für die Marmeladenherstellung. Zubereitungen aus den Blättern werden in Costa Rica als Umschlag bei Quetschungen und kleineren Verletzungen und als Badezusatz zur Linderung von Hämorrhoiden eingesetzt. Sie sind außerdem hilfreich gegen Schuppen. Für eine Haarspülung gegen Schuppen wird eine Handvoll Blätter für eine Nacht in einen Liter Wasser eingelegt, für einen Badezusatz zur Hämorrhoidenbehandlung muss eine Handvoll Blätter ausgekocht werden. Ein Aufguss aus dem Kraut oder den Blüten soll hilfreich gegen Husten und Halsbeschwerden sein (Francis o.J.; Rancho Margot 2010).
In Brasilien wurde *Acnistus arborenscens* angeblich als psychoaktive Pflanze verwendet (Otsuka et al. 2010). Verifikationen dazu fehlen aber.

Anisodus

Himalaya-Skopolie

Unterfamilie Solanoideae, Tribus Hyoscyameae

Spezies:
Anisodus acutangulus C. Y. Wu et C. Chen
Anisodus carniolicoides (C. Y. Wu et C. Chen) D'Arcy et Zhang
Anisodus luridus Link
Anisodus tanguticus (Maxim.) Pascher

Aussehen:
Die vier Arten der Gattung *Anisodus* sind perennierende, krautige, bis 1,5 Meter hohe Gewächse mit lanzettlichen, eiförmigen oder elliptischen Blättern von bis zu 15 Zentimetern Länge und glockenför-

migen Blüten, die gelb, grünlich-gelb, rot-violett, zuweilen auch zweifarbig erscheinen.

Vorkommen:
Bhutan, China, Indien, Nepal, Tibet.

Kulturgeschichtliche Verwendung:
Anisodus luridus (syn. *Scopolia lurida* DUN.) gilt in der Pharmazie als wichtige Rohstoffquelle für Tropan-Alkaloide. Die im Himalayaraum medizinisch und rituell verwendete Art *Anisodus humilis* HOOK. f. zählt in Wahrheit nicht zur Gattung. Dieses Taxon ist lediglich Synonym für die Himalaya-Alraune *Mandragora caulescens* C. B. CLARKE.

→ *siehe auch Stichwort Scopolia*

Anthocercis

Strahlenblume
Tailflower

Unterfamilie Anthocercidoideae

Spezies:
Anthocercis anisantha ENDL.
Anthocercis angustifolia F. MUELL.
Anthocercis fasciculata F. MUELL.
Anthocercis genistoides MIERS
Anthocercis gracilis BENTH.
Anthocercis ilicifolia HOOK.
Anthocercis intricata F. MUELL.
Anthocercis littorea LABILL. (Küsten-Strahlenblume, Yellow Tailflower)

Atropa belladonna, die gemeine Tollkirsche, ist eine alte Hexen- und Schamanenpflanze.

➔ *Siehe Stichwort auf Seite 35*

Die Engelstrompete *Brugmansia versicolor*, hier in einer rosa Form, wird Bunter Baumstechapfel genannt.

➔ *Siehe Stichwort auf Seite 42*

Die Chilipflanze *Capsicum annuum* gibt es in vielen Zuchtformen, die zu Speise- und Zierzwecken gekauft werden → *Siehe Stichwort auf Seite 46*

Cestrum nocturnum wird im Volksmund Nachtjasmin genannt und ist eine beliebte Zierpflanze.

→ *Siehe Stichwort auf Seite 49*

Der Gemeine Stechapfel *Datura stramonium* ist nicht nur eine schöne Gartenpflanze. Das Gewächs ist außerdem ein mächtiges Entheogen.

➔ *Siehe Stichwort auf Seite 58*

Der Pichi-Pichi-Strauch, *Fabiana imbricata*, gilt in den Anden als Rausch- und Heilpflanze.

➔ *Siehe Stichwort auf Seite 68*

Das Bilsenkraut *Hyoscyamus niger* ist in Europa mittlerweile ein seltenes Gewächs.
➔ *Siehe Stichwort auf Seite 73*

Veilchensträucher der Gattung *Iochroma* sind als Heil- und Zierpflanzen bekannt. Einige Arten gelten als Entheogene.
➔ *Siehe Stichwort auf Seite 76*

Anthocercis sylvicola T. MACFARLANE et WARDELL-JOHNSON
Anthocercis viscosa R. BR.

Aussehen:
Anthocercis-Spezies sind bis 3 Meter hohe Sträucher mit elliptischen bis eiförmigen oder lanzettlichen Blättern von bis zu 8 Zentimetern Länge. Die fünfzipfeligen, glockenförmigen Blütenkelche erscheinen meist in gelblich-grün bis gelb oder cremefarben bis weiß und sind innerlich grün oder violett gestreift.

Vorkommen:
Australien.

Kulturgeschichtliche Verwendung:
Anthocercis ilicifolia enthält Scopolamin in der Wurzel, das Kraut von *Anthocercis littorea* enthält Hyoscyamin (RÄTSCH 1998: 862, 867). Überhaupt wurden in allen Spezies Tropan-Alkaloide nachgewiesen (EL IMAM et al. 1984; HUNZIKER 2001).

Anthotroche

Unterfamilie Anthocercidoideae

Spezies:
Anthotroche myoporides C. GARDENER
Anthotroche pannosa ENDL.
Anthotroche walcotti F. MUELL.

Aussehen:
Die drei *Anthotroche*-Arten sind bis 2,5 Meter hohe Sträucher mit elliptischen, eiförmigen oder kreisförmigen Blättern, die bis 2 Zentimeter lang werden. Die glockigen bis radförmigen Blüten erscheinen

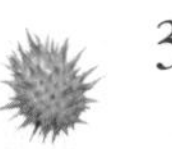

einzeln oder in Gruppen und sind rosa, grünlich-gelb oder dunkelviolett.

Vorkommen:
Australien.

Kulturgeschichtliche Verwendung:
Die Blätter der *Anthotroche myoporides* und *Anthotroche walcotti* sind in der Pharmazie Rohstofflieferant für Tropan-Alkaloide.

Athenaea

Unterfamilie Solanoideae, Tribus Solanae, Untertribus Capsicinae

Spezies:
Athenaea anonacea SENDTN.
Athenaea cuspidata WITAS.
Athenaea martiana SENDTN.
Athenaea micrantha SENDTN.
Athenaea pereirae BARBOZA et A. T. HUNZ.
Athenaea picta (Mart.) SENDTN.
Athenaea pogogena (Moric.) SENDTN.

Aussehen:
Athenaea-Spezies sind bis 3 Meter hohe Sträucher mit elliptischen, schmal-elliptischen oder eiförmigen Blättern, die je nach Art und Alter bis über 30 Zentimeter lang werden können. Die zumeist in Gruppen, seltener einzeln erscheinenden Blüten sind radförmig und weiß, häufig mit roten oder grünen Sprenkeln.

Vorkommen:
Brasilien.

Kulturgeschichtliche Verwendung:
Keine bekannt.

Atropa

Tollkirsche
Beilwurz
Belladonna
Dollkraut
Hexenbeere
Schlafapfel
Tollkraut
Wolfskirsche

Unterfamilie Solanoideae, Tribus Atropeae

Atropa belladonna

Spezies:
Atropa acuminata Royle ex Lindl. (Indische Tollkirsche)
Atropa baetica Willk. (Iberische Tollkirsche)
Atropa belladonna L. (Gemeine Tollkirsche)
Atropa caucasica Kreyer (Kaukasische Tollkirsche)
Atropa cordata Pasch. (Herzblättrige Tollkirsche)
Atropa komarovii Blin. et Shal (Turkmenische Tollkirsche)
Atropa pallidiflora Schönbeck-Temesy

Aussehen:
Die *Atropa*-Arten sind bis 2 Meter hohe Sträucher mit elliptischen, eiförmigen oder länglich-eiförmigen Blättern, die bis über 20 Zentimeter lang werden können. Die zumeist einzeln erscheinenden, glockenförmigen Blüten sind gelb, dunkel-violett, zuweilen zur Mitte hin grünlich verfärbend. Auffällig sind die leuchtend schwarzen oder gelben Beeren, die sich nach der Blüte ausbilden.
Vorkommen:
Asien, Europa.

Kulturgeschichtliche Verwendung:
Heilpflanzen, Rausch- und Ritualpflanzen. Die kulturhistorische Verwendung der brühmt-berüchtigten Tollkirsche ist von eminenter ethnologischer und pharmakologischer Bedeutung. Sie erstreckt sich von der seit Urzeiten bekannten ethnobotanischen Nutzung bis in die heutige moderne Schulmedizin und Pharmazie. Ausführliche Informationen zu dieser Nachtschatten-Gattung sind zusammengefasst in den diesem Kompendium zugehörigen Bänden

Berger, Markus/Hotz, Oliver 2008: *Die Tollkirsche – Königin der dunklen Wälder*

Ochsner, Patricia F., 2003: *Hexensalben & Nachtschattengewächse*

Atropanthe

Chinesisches Tollkraut
Chinese Belladonna

Unterfamilie Solanoideae, Tribus Hyoscyameae

Spezies:
Atropanthe sinensis (Hemsl.) Pascher

Aussehen:
Athropante sinensis, die einzige Art ihrer Gattung, ist ein bis 1 Meter hohes, krautiges Gewächs mit eiförmigen, eiförmig-elliptischen, ganzrandigen oder breit eiförmigen Blättern, die bis über 20 Zentimeter lang werden können. Die gelben bis grünlichen und glockenförmigen Blüten erscheinen einzeln. Auffällig sind die orangefarbenen Beeren, die in einem Lampion (Calyx) erscheinen. (siehe auch ➔ *Nicandra,* ➔ *Physalis*)

Vorkommen:
China.

Kulturgeschichtliche Verwendung:
Atropanthe sinensis enthält Hyoscyamin und Scopolamin und wird deshalb in China von der pharmakologischen Industrie zur Gewinnung dieser Tropan-Alkaloide genutzt (Ripperger 1995).

Aureliana

Unterfamilie Solanoideae, Tribus Solaneae, Untertribus Capsicinae

Spezies:
Aureliana fasciculata (VELL.) SEUDTN.
Aureliana angustifolia ALM.-LAFETÁ

Aussehen:
Aureliana-Arten sind bis etwa 3 Meter hohe Sträucher mit elliptischen bis lanzettlichen Blättern und trichterförmigen Blüten, die weiß erscheinen und zuweilen blau gepunktet sind.

Vorkommen:
Brasilien.

Kulturgeschichtliche Verwendung:
Keine bekannt.

Benthamiella

Unterfamilie Cestroideae, Tribus Benthamielleae

Spezies:
Benthamiella azorella (SKOTTSB.) A. SORIANO
Benthamiella azorelloides SPEG.
Benthamiella chubutensis A. SORIANO
Benthamiella graminifolia SKOTTSB.
Benthamiella lanata A. SORIANO
Benthamiella longifolia SPEG.
Benthamiella nordenskjoldii DUSÉN ex N. E. BR.
Benthamiella patagonica SPEG.

Benthamiella pycnophylloides SPEG.
Benthamiella skottsbergii A. SORIANO
Benthamiella sorianoi ARROYO
Benthamiella spegazziniana A. SORIANO

Aussehen:
Benthamiella-Spezies sind blühwillige, polsterbildende Bodendecker mit bis zu 2,5 Zentimeter langen, elliptischen bis umgekehrt-eiförmigen oder linearen Blättern und trichter- bis glockenförmigem, weißlichem bis gelbem oder rosafarbenem bis rotem Flor.

Vorkommen:
Patagonien.

Kulturgeschichtliche Verwendung:
Zierpflanze.

Bouchetia

Painted Tongue

Unterfamilie Cestroideae, Untertribus Nierembergiinae

Spezies:
Bouchetia anomala (MIERS) BRITTON et RUSBY
Bouchetia arniatera ROBINSON
Bouchetia erecta DUNAL

Aussehen:
Bouchetia-Arten sind krautige, ausdauernde Gewächse, mit aufrechten oder niederliegenden Trieben, bis 5 Zentimeter langen, spatelför-

migen bis rhombischen Blättern und zygomorphen, cremefarbenen bis weißen oder lila bis violetten Blüten.

Vorkommen:
Nord- und Südamerika.

Kulturgeschichtliche Verwendung:
Bouchetia erecta, genannt Painted Tongue, ist eine beliebte Zierpflanze für den Kübel.

Brachistus

Unterfamilie Solanoideae, Tribus Solaneae, Untertribus Witheringinae

Spezies:
Brachistus affinis (MORTON) D'ARCY, J. L. GENTRY et AVERETT
Brachistus nelsonii (FERN) D'ARCY, J. L. GENTRY et AVERETT
Brachistus stramoniifolius (KUNTH) MIERS
Aussehen:
Die Spezies der Gattung *Brachistus* sind Sträucher, die bis 9 Meter hoch werden können. Die Blätter sind eiförmig und bis zu 20 Zentimeter lang. Der Flor besteht aus gelben, fünfzipfeligen, becherförmigen Blütenständen.

Vorkommen:
Mittelamerika, Mexiko.

Kulturgeschichtliche Verwendung:
Einige Inhaltsstoffe der *Brachistus stramoniifolius* weisen zytotoxische Aktivität auf und sind deshalb möglicherweise für eine pharmazeutische Krebsbehandlung geeignet (LIQIONG et al. 2003).

Browallia

Blauglöckchen
Browallie
Amethyst Flower
Bush Violet

Unterfamilie Cestroideae, Tribus Browallieae

Spezies:
Browallia americana L.
Browallia demissa L.
Browallia elata L.
Browallia grandiflora GRAHAM
Browallia speciosa L.

Aussehen:
Browallia-Spezies sind einjährige, aufrecht wachsende Pflanzen, die je nach Art bis zu 1,5 Meter hoch werden können. Die Blätter werden bis zu 9 Zentimeter lang, die Blüten sind glockenförmig und erscheinen cremefarben bis gelb, violett, bis bläulich oder purpurn.

Vorkommen:
Nord- und Südamerika.

Kulturgeschichtliche Verwendung:
Zierpflanzen, pharmakologisch aktive und sonstige Nutzpflanzen. Zubereitungen aus den *Browallia-Arten* können als leistungssteigerndes Mittel, aber auch als Insektizid verwendet werden. Bei Zierpflanzenfreunden sind zahlreiche perennierende Hybriden mit wunderschönem Flor bekannt, beispielsweise die *Browallia speciosa* 'Major'.

Brugmansia

Baumdatura
Engelstrompete

Unterfamilie Solanoideae, Tribus Datureae

Spezies:
Brugmansia arborea (L.) LAGERH.
Brugmansia aurea LAGERH.
Brugmansia sanguinea (RUIZ. et PAV.) D. DON
Brugmansia suaveolens (HUMB. et BONPL ex WILLD.) BERCHT. et C. PRESL.
Brugmansia versicolor LAGERH.
Hybridformen:
Brugmansia × *candida* PERS.

Brugmansia

Brugmansia × *dolichocarpa* Lagerh.
Brugmansia × *insignis* (Barb. Rodrigues) Schultes
Brugmansia × *rubella* (Saff.) Moldenke
Brugmansia × *flava* Herklotz ex U. Preissel et H. G. Preissel)

Aussehen:
Brugmansia-Arten sind strauch- bis baumförmige Gewächse, die in ihrer Heimat bis 5 Meter hoch werden können. Engelstrompeten haben eiförmige bis elliptische, bis zu 30 Zentimeter lange Blätter und trompetenförmige, duftende Blüten von bis zu 45 Zentimetern Länge. Der Flor der botanischen Stammformen erscheint in weiß bis rosa, gelb bis orange-gelb - teils auch zweifarbig, z. B. bei *Brugmansia sanguinea.* Darüber hinaus existieren zahlreiche Hybridformen innerhalb der Gattung.

Vorkommen:
Südamerika.

Kulturgeschichtliche Verwendung:
Heilpflanzen, Rausch- und Ritualpflanzen, Zierpflanzen. Die ethnologische und pharmakologische Verwendung der *Brugmansia*-Arten ist sehr umfassend. Ausführliche Informationen zu dieser Nachtschatten-Gattung sind zusammengefasst in meinem, diesem Kompendium zugehörigen Band

Berger, Markus 2003: *Stechapfel und Engelstrompete – Ein halluzinogenes Schwesternpaar*

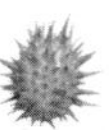

Brunfelsia

Brunfelsie
Manacá

Unterfamilie Cestroideae, Tribus Franciscеae

Spezies:
Sektion Brunfelsia
Brunfelsia acunae HADAC
Brunfelsia americana L
Brunfelsia cestroides A. RICH.
Brunfelsia clarensis BRITTON et P. WILSON
Brunfelsia densifolia KRUG et URB.
Brunfelsia grisebachii AMSHOFF
Brunfelsia jamaicensis (BENTH.) GRISEB.
Brunfelsia lactea KRUG et URB.
Brunfelsia linearis EKMAN
Brunfelsia macroloba URB.
Brunfelsia maliformis URB.
Brunfelsia membranacea URB.
Brunfelsia nitida BENTH.
Brunfelsia picardae KRUG et URB.
Brunfelsia plicata URB.
Brunfelsia pluriflora URB.
Brunfelsia portoricensis KRUG et URB.
Brunfelsia purpurea GRISEB.
Brunfelsia shaferi BRITTON et P. WILSON
Brunfelsia sinuata A. RICH.
Brunfelsia splendida URB.
Brunfelsia undulata SW.

Sektion Franciscea
Brunfelsia australis BENTH.
Brunfelsia boliviana PLOWMAN
Brunfelsia bonodora (VELL.) J. F. MACBR.
Brunfelsia brasiliensis (SPRENG.) L. B. SM. et DOWNS
Brunfelsia chiricaspi PLOWMAN
Brunfelsia cuneifolia J. A. SCHMIDT
Brunfelsia dwyeri D'ARCY
Brunfelsia grandiflora D. DON
Brunfelsia hydrangeiformis (POHL) BENTH.
Brunfelsia imatacana PLOWMAN
Brunfelsia latifolia (POHL) BENTH.
Brunfelsia macrocarpa PLOWMAN
Brunfelsia mire MONACH.
Brunfelsia obovata BENTH.
Brunfelsia pauciflora (CHAM. et SCHLTDL.) BENTH.
Brunfelsia pilosa PLOWMAN
Brunfelsia rupestris PLOWMAN
Brunfelsia uniflora (POHL) D. DON

Sektion Guianenses
Brunfelsia amazonica C. V. MORTON
Brunfelsia burchellii PLOWMAN
Brunfelsia chocoensis PLOWMAN
Brunfelsia clandestina PLOWMAN
Brunfelsia guianensis BENTH.
Brunfelsia martiana PLOWMAN

Aussehen:
Die zahlreichen *Brunfelsia*-Arten wachsen als ausdauernde Sträucher oder sogar als kleine Bäume, die je nach Art bis 12 Meter hoch werden. Die je nach Art elliptischen, eiförmigen, linearen oder lanzettlichen Blätter werden bis 30 Zentimeter lang, der zygomorphe, röhren- oder glockenförmige Flor erscheint gelb oder violett bis cremefarben-weiß.

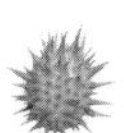

Vorkommen:
Südamerika, Westindische Inseln.

Kulturgeschichtliche Verwendung:
Heilpflanzen, Rausch- und Ritualpflanzen, Zierpflanzen. *Brunfelsien* sind Bestandteil der ethnomedizinischen Pharmakopoe Amerikas. Zubereitungen aus Früchten, Blättern, Stengeln und Rinde, vor allem aber aus den Wurzeln werden medizinisch und rituell genutzt. So gilt beispielsweise *Brunfelsia uniflora* als wichtige ethnomedizinische Pflanze, *Brunfelsia grandiflora* hat halluzinogene Eigenschaften und ist ein Ayahuasca-Additiv. Christian Rätsch fasst zusammen: „Die ethnomedizinisch bedeutenden Arten stammen alle aus Amazonien, wo sie von vielen Indianern angepflanzt werden" (Rätsch 1998: 112). *Brunfelsien* sind beliebte Zierpflanzen. Für die Kultur im Wohnzimmer eignet sich beispielsweise die Varietät *Brunfelsia pauciflora* var. *calycina*.

Capsicum

Chili
Paprika
Peperoni

Unterfamilie Solanoideae, Tribus Solaneae, Untertribus Capsicinae

Spezies:
Capsicum anuum L.
Capsicum buforum Hunz.
Capsicum baccatum L.
Capsicum caballeroi Nee
Capsicum campylopodium Sendt.
Capsicum cardenasii Heiser et Smith
Capsicum ceratocalyx Nee

Capsicum chacoense HUNZ.
Capsicum chinense JACQ.
Capsicum coccineum (RUSBY) HUNZ
Capsicum cornutum (HIERN) HUNZ.
Capsicum dimorphum (MIERS) O. K.
Capsicum dusenii BITTER
Capsicum eximium HUNZ.
Capsicum friburgense BARBOZA et BIANCHETTI
Capsicum frutescens L.
Capsicum galapagoense HUNZ.
Capsicum geminifolium (DAMMER) HUNZ.
Capsicum hookerianum (MIERS) O. K.
Capsicum hunzikerianum BARBOZA et BIANCHETTI
Capsicum lanceolatum (GREENM.) MORTON et STANDLEY
Capsicum leptopodum (DUNAL) O. K.
Capsicum minutiflorum (RUSBY) HUNZ.
Capsicum mirabile MART ex. SENDT.
Capsicum parvifolium SENDT.

Capsicum annuum

Capsicum pereirae BARBOZA et BIANCHETTI
Capsicum praetermissum HEISER et SMITH
Capsicum pubescens RUIZ et PAV.
Capsicum recurvatum WITAS.
Capsicum rhomboideum (DUNAL) KUNTZE
Capsicum scolnikianum HUNZ.
Capsicum schottianum SENDT.
Capsicum tovarii ESHBAUGH, SMITH ET NICKRENT
Capsicum villosum SENDT.

Aussehen:

Capsicum-Spezies sind sehr vielgestaltig und variabel. Die häufig ausdauernden Pflanzen wachsen krautig, strauchig oder niederliegend. Je nach Art werden die Gewächse bis über 4 Meter hoch. Die eiförmigen bis elliptischen Blätter der Spezies sind je nach Art bis 30 Zentimeter lang, die glockenförmigen Blüten erscheinen cremefarben bis weiß oder grünlich bis violett.

Capsicum annuum

Vorkommen:
Zentral- und Südamerika.

Kulturgeschichtliche Verwendung:
Heilpflanzen, Rausch- und Ritualpflanzen, Zierpflanzen, Nahrungspflanzen. Laut Rätsch gibt es „im tropischen Amerika viele Arten und Züchtungen von Chili oder Chilipfeffer, die meist als Gewürz benutzt werden (...). Chilies haben auch ethnomedizinische und rituelle Bedeutung (...). Die Schoten werden bei verschiedenen Krankheiten als Heilmittel verwendet und haben bakterientötende Eigenschaften (...). In höherer Dosierung (30 bis 125 mg) gilt Chili als Aphrodisiakum (...). Schließlich ist es möglich, dass er unter Umständen psychoaktiv sein kann" (Rätsch 1998: 551). Im Gartenhandel sind diverse Züchtungen als Zierpflanzen erhältlich. Ausführliche Informationen zur Gattung *Capsicum* sind zusammengefasst in dem diesem Kompendium zugehörigen Band:

Davias, Orestes, 2009: *Chilifeuer und Knollengenuss – Die essbaren Nachtschattengewächse*

Cestrum

Hammerstrauch
Nachtjasmin

Unterfamilie Cestroideae, Tribus Cestreae

Spezies:
Die Gattung Cestrum umfasst etwa 150 Arten. Hier eine Auswahl:
Cestrum alternifolium (Jacq.) O. E. Schulz
Cestrum amictum Schltdl.
Cestrum ambatense Francey

Cestrum aurantiacum LINDL.
Cestrum auriculatum L'HÉR.
Cestrum bracteatum LINK et OTTO
Cestrum calycinum KUNTH
Cestrum chimborazinum FRANCEY
Cestrum chiriquianum FRANCEY
Cestrum citrifolium RETZ.
Cestrum confertum RUIZ et PAV.
Cestrum corymbosum SCHLTDL.
Cestrum daphnoides GRISEB.
Cestrum diurnum L.
Cestrum ecuadorense FRANCEY
Cestrum elegans (BRONGN. ex NEUMANN) SCHLTDL. (Mexikanischer Hammerstrauch)
Cestrum endlicheri MIERS.
Cestrum euanthes SCHLTDL.
Cestrum fasciculatum (ENDL.) MIERS
Cestrum flavescens GREENM.

Cestrum sp.

Cestrum hartwegii DUNAL
Cestrum humboldtii FRANCEY
Cestrus intermedium SENDT.
Cestrum laevigatum SCHLTDL. (Dama da Noite, Dame der Nacht)
Cestrum lantaum M. et G.
Cestrum lanuginosum RUIZ et PAVÓN
Cestrum latifolium LAM. (Bitterblatt)
Cestrum laurifolium L'HÉR.
Cestrum meridanum PITTIER
Cestrum mutisii ROEM. et SCHULT.
Cestrum nocturnum L. (Nachtjasmin)
Cestrum ochraceum FRANCEY
Cestrum pacificum BRAND.
Cestrum parqui L'HÉRIT. (Chilenischer Hammerstrauch)
Cestrum pedicellatum SENDTN.
Cestrum peruvianum ROEMER et SCHULTES
Cestrum petiolare HUMBOLDT, BONPLAND et KUNTH
Cestrum poeppigii SENDTN.
Cestrum psittacinum STAPF
Cestrum quitense FRANCEY
Cestrum roseum HUMBOLDT, BONPLAND et KUNTH
Cestrum salicifolium JACQ. (Weidenblättriger Hammerstrauch)
Cestrum santanderianum FRANCEY
Cestrum schlechtendahlii G.DON
Cestrum sendtnerianum MART. ex SENDT.
Cestrum sessiliflorum SCHOTT ex SENDT.
Cestrum stipulatum VELL.
Cestrum strigilatum RUIZ et PAV.
Cestrum stuebelii HIERON.
Cestrum tomentosum L. f.
Cestrum validum FRANCEY
Cestrum viridifolium FRANCEY
Cestrum zarucchianum D'ARCY

Aussehen:
Die zahlreichen Arten der Gattung wachsen strauchig bis baumförmig und werden je nach Spezies bis zu 12 Meter hoch. Einige Arten ranken. Die Blätter sind lanzettlich-eiförmig, und die vielgestaltigen Blüten erscheinen weiß bis cremefarben, gelb bis orange, gelblich- weiß bis grünlich, gelblich-grün oder rosafarben bis rot. Einige Spezies sind Nachtblüher.

Vorkommen:
Zentral- und Südamerika, USA.

Kulturgeschichtliche Verwendung:
Heilpflanzen, Rausch- und Ritualpflanzen, Zierpflanzen. *Cestrum nocturnum* und *Cestrum parqui* enthalten unter anderem Alkaloide und wirken psychoaktiv. Beide Arten sowie die Spezies *Cestrum ochraceum* werden innerhalb der amerikanischen Ethnomedizin verwandt, *Cestrum parqui* gilt in Teilen Chiles als heilige Ritualpflanze (RÄTSCH 1998: 162–165). *Cestrum auranticum, Cestrum nocturnum, Cestrum elegans* und andere Hammersträucher sind beliebte Zierpflanzen und im Gartenfachhandel erhältlich.

Chamaesaracha

False Nighshade
Greenleaf Five Eyes
Small Groundcherry

Unterfamilie Solanoideae, Tribus Solaneae, Untertribus Physalinae

Spezies:
Chamaesaracha coniodes (MORIC. ex DUNAL) BRITTON
Chamaesaracha coronopus (DUN.) GRAY.

Chamaesaracha crenata RYDB.
Chamaesaracha edwardsiana AVERETT.
Chamaesaracha nana (GRAY.) GRAY.
Chamaesaracha pallida AVERETT.
Chamaesaracha sordida (DUN.) GRAY.
Chamaesaracha villosa RYDB.

Aussehen:
Chamaesaracha-Arten sind krautige, polsterbildende Pflanzen, die aufrecht bis niederliegend, zuweilen auch strauchig wachsen. Die elliptischen bis lanzettlichen Blätter sind stark gebuchtet bis gezähnt, der rad- bis glockenförmige Flor erscheint weiß bis cremefarben oder gelblich, zuweilen auch zweifarbig, z. B. bei *Chamaesaracha sordida.*

Vorkommen:
Mittelamerika, USA.

Kulturgeschichtliche Verwendung:
Keine bekannt.

Combera

Unterfamilie Cestroideae, Tribus Benthamielleae

Spezies:
Combera minima SANDW.
Combera paradoxa SANDW.

Aussehen:
Die beiden *Combera*-Arten sind ausdauernde, krautige Gewächse, die bis 20 Zentimeter Höhe erreichen. Die spatelförmigen bis dreieckig-eiförmigen oder rhombischen Blätter werden bis 1 Zentimeter lang

und bis 6 Millimeter breit. Die trichterförmigen Blüten sind vom Grund her cremefarben bis weiß und verfärben sich nach oben hin violett.

Vorkommen:
Patagonien.

Kulturgeschichtliche Verwendung:
Keine bekannt.

Crenidium

Unterfamilie Anthocercidoideae

Spezies:
Crenidium spinescens HAEGI

Aussehen:
Crenidium spinescens ist ein strauchiges Gewächs, das bis etwa 2 Meter hoch werden kann. Die ganzrandigen, elliptischen bis linearen Blätter der Pflanze sind bis 1 Zentimeter lang und bis 1,5 Millimeter breit. Die röhrenförmige Blüte ist gelb.

Vorkommen:
Australien.

Kulturgeschichtliche Verwendung:
Die Pflanze enthält Tropan-Alkaloide (EL IMAM et EVANS 1984). Eine Nutzung des Gewächses ist aber bisher nicht dokumentiert.

Cuatresia

Unterfamilie Solanoideae, Tribus Solaneae, Untertribus Witheringinae

Spezies:

Cuatresia amistadensis D. A. Soto et A. K. Monro
Cuatresia colombiana Hunz.
Cuatresia cuneata (Standley) Sousa-Peña
Cuatresia cuspidata (Dunal) Hunz.
Cuatresia exiguiflora (D'Arcy) Hunz.
Cuatresia folliculoides (Gentry et D'Arcy) Sousa-Peña
Cuatresia foreroi Hunz.
Cuatresia fosteriana Hunz.
Cuatresia fosterii n. N.
Cuatresia garciae Hunz.
Cuatresia harlingiana Hunz.
Cuatresia hunzikeriana (Benítez et M. Martínez) Sawyer
Cuatresia morii (D'Arcy) Sousa-Peña
Cuatresia physocalycia (Donn. Sm.) Hunz.
Cuatresia plowmanii Hunz.
Cuatresia riparia (Kunth) Hunz.
Cuatresia trianae A. T. Hunz.

Aussehen:

Cuatresia-Spezies sind strauchige bis baumförmige Gewächse. Die eiförmig-elliptischen Blätter werden je nach Art bis über 25 Zentimeter lang. Die Blüten werden bis 25 Zentimeter lang und sind cremefarben bis gelblich oder weißlich bis violett. Auffällig sind die zunächst grünen, später leuchtend gelben und roten Beeren einiger Arten.

Vorkommen:

Zentral- und Südamerika.

Kulturgeschichtliche Verwendung:
Inhaltsstoffe aus der *Cuatresia*-Spezies weisen pharmakologische Aktivität auf. So enthalten einige Arten die alkoholische Verbindung N-Hentriacontanol, die wirksam in der Behandlung von Malaria ist (DEHARO et al. 1992).

Cyphanthera

Tasmanian Ray Flower

Unterfamilie Anthocercidoideae

Spezies:
Cyphanthera albicans (CUNN.) MIERS
Cyphanthera anthocercidea (F. MUELL.) HAEGI
Cyphanthera microphyla MIERS
Cyphanthera miersiana HAEGI
Cyphanthera myosotidea (F. MUELL.) HAEGI
Cyphanthera odgersii (F. MUELL.) HAEGI
Cyphanthera ovalifolia ENDL.
Cyphanthera racemosa (F. MUELL.) HAEGI
Cyphanthera tasmanica MIERS

Aussehen:
Die *Cyphanthera*-Spezies sind strauchig wachsende Pflanzen mit eiförmig-elliptischen Blättern und glockigen bis trichterförmigen, gelben oder weißen, cremefarben-weißen, zuweilen und je nach Art im Schlund violetten Blüten.

Vorkommen:
Australien.

Kulturgeschichtliche Verwendung:
Cyphanthera myosotidea ist ein Rohstofflieferant für die pharmazeutische Gewinnung von Tropan-Alkaloiden. Auch andere Arten enthalten diese Verbindungen, z. B. *Cyphanthera anthocercidea*.

Cyphomandra

Baumtomate
Tamarillo

Unterfamilie Solanoideae, Tribus Solaneae, Untertribus Solaninae

Die Sektion *Solanum* sect. *Pachyphylla* ist ein Teil der Pflanzengattung Nachtschatten (Solanum). Die Arten wurden lange Zeit in einer eigenständigen Gattung *Cyphomandra* geführt, molekularbiologische Untersuchungen bestätigen jedoch eine Eingliederung in die Gattung der Nachtschatten.

➔ *siehe Stichwort Solanum*

Darcyanthus

Unterfamilie Solanoideae, Tribus Solaneae, Untertribus Capsicinae

Spezies:
Darcyanthus spruceanus (HUNZ.) HUNZ.

Aussehen:
Dieser Monotyp wächst krautig und erreicht Höhen von bis zu 1,5 Metern. Die eiförmigen Blätter werden bis zu 9 Zentimeter lang. Die radförmige Blüte erscheint weiß und trägt gelbe oder violette Flecken.

Vorkommen:
Bolivien und Peru.

Kulturgeschichtliche Verwendung:
Keine bekannt.

Datura

Dornapfel
Rauchapfel
Stechapfel
Jimsonweed

Unterfamilie Solanoideae, Tribus Datureae

Spezies:
Datura ceratocaula ORTEGA
Datura discolor BERNAHRDI
Datura ferox L.
Datura innoxia MILLER
Datura kymatocarpa A. S. BARCLAY
Datura lanosa BARCLAY ex. BYE
Datura leichhardtii F. MUELL. ex BENTHAM
Datura metel LIINNÉ
Datura pruinosa GREENMAN
Datura quercifolia H. B. K.
Datura reburra A. S. BARCLAY
Datura stramonium L.
Datura villosa FERNALD
Datura velutinosa FUENTES
Datura wrightii REGEL

Aussehen:
Stechäpfel sind krautige, einjährige oder perennierende Pflanzen, die in Einzelfällen bis 1,5 Meter hoch werden können. Die eiförmigen bis lanzettlichen Blätter sind ganzrandig oder gezähnt, die Blüten sind trichterförmig und werden bis 30 Zentimeter lang. Der Flor erscheint je nach Art bzw. Varietät weiß, violett, gelb oder lila.

Vorkommen:
Afrika, Australien, Griechenland, Guatemala, Himalaya, Indien, Israel, Karibik, Kuba, Mexiko, Mittelamerika, Mittel- und Südeuropa, Nordamerika, Nordindien, Orient, Südost-Asien, Westindien.

Kulturgeschichtliche Verwendung:
Heilpflanzen, Rausch- und Ritualpflanzen, Zierpflanzen. Die volkstümliche, ethnologische und pharmakologische Verwendung der *Datura*-Arten ist ganz besonders umfassend. Ausführliche Informationen

Datura stramonium

zu dieser Nachtschatten-Gattung sind zusammengefasst in dem diesem Kompendium zugehörigen Band:

BERGER, Markus, 2003: *Stechapfel und Engelstrompete – Ein halluzinogenes Schwesternpaar*

Deprea

Unterfamilie Solanoideae, Tribus Solaneae, Untertribus Witheringinae

Spezies:
Deprea bitteriana (WERDERM.) N. W. SAWYER et BENÍTEZ
Deprea cardenasiana HUNZ.
Deprea ecuatoriana HUNZ. et BARBOZA
Deprea hirtifolia AXELIUS et D'ARCY
Deprea nubicola N. W. SAWYER
Deprea orinocensis (H. B. K) RAF.
Deprea paneroi BENÍTEZ et M.MARTÍNEZ
Deprea subtriflora (RUIZ et PAVON) D'ARCY

Aussehen:
Die *Deprea*-Spezies sind krautige oder strauchig wachsende Pflanzen mit eiförmigen bis elliptischen Blättern von je nach Art bis zu etwa 16 Zentimetern Länge. Die trichterförmige Blüte erscheint in orange, gelb oder violett. Zuweilen auch violett makuliert.

Vorkommen:
Südamerika.

Kulturgeschichtliche Verwendung:
Deprea orinocensis und *Deprea subtriflora* (und möglicherweise auch andere Spezies) enthalten pharmakologisch aktive Withanolide, die potenziell zur Behandlung von Krebserkrankungen geeignet sind (ECHEVERRI et al. 1995, BAO-NING et al. 2003).

Discopodium

Unterfamilie Solanoideae, Tribus Solaneae, Untertribus Witheringinae

Spezies:
Discopodium penninervium HOCHST.

Aussehen:
Dieser Monotyp wächst strauchig bis baumförmig und wird bis zu 6 Meter hoch. Die eiförmig-elliptischen Blätter können bis über 20 Zentimeter lang werden, die glockenförmige Blüte erscheint in einem gelblichen Grün.

Vorkommen:
Tropisches Afrika.

Kulturgeschichtliche Verwendung:
Discopodium penninervium enthält mehrere pharmakologisch wertvolle Withanolide (HABTEMARIAM et al. 1993, HABTEMARIAM et al. 2000, WUBE et al. 2008).

Duboisia

Korkrindenbaum
Pituribaum
Pituristrauch

Unterfamilie Anthocercidoideae

Spezies:
Duboisia arenitensis Craven, Lepschi et Haegi
Duboisia leichhardtii (F. Muell.) F. Muell.
Duboisia hopwoodii (F. Muell.) F. Muell. (Pituristrauch)
Duboisia myoporoides R. Br.

Aussehen:
Die *Duboisia*-Arten sind strauchartig bis baumförmig wachsende Pflanzen und können Höhen von bis zu 25 Metern erreichen. Die ei-

Duboisia hopwoodii

förmigen bis linear-elliptischen Blätter werden bis zu 25 Zentimeter lang, die trichter- oder glockenförmigen Blüten sind weiß, zuweilen mit rosa Sprenkeln versehen.

Vorkommen:
Australien, Neukaledonien.

Kulturgeschichtliche Verwendung:
Alle *Duboisia*-Arten enthalten psychoaktive Tropan-Alkaloide. *Duboisia hopwoodii* und *Duboisia myporides,* möglicherweise auch andere Arten, werden als Heilpflanzen, Rausch- und Ritualpflanzen verwendet (RÄTSCH 1998: 222-225). So induzieren gerauchte Blätter der *Duboisia hopwoodii* hanfähnliche Effekte. Dieselbe Art gilt in der australischen Ethnomedizin als Analgetikum. Blätter des Pituribaums *Duboisia hopwoodii* und anderer Arten werden von den Aborigines Pituri genannt und mit alkalischer Asche vermischt wie Coca als Priem gekaut (RÄTSCH 1998: 777).

Dunalia

Unterfamilie Solanoideae, Tribus Solaneae, Untertribus Capsicinae

Spezies:
Dunalia brachyacantha (GRISEB.) SLEUMER.
Dunalia solanacea KUNTH.
Dunalia spinosa (MEYEN) DAMMER

Aussehen:
Dunalia-Spezies sind strauchförmige Pflanzen, die bis etwa 4 Meter hoch werden. Die Blätter sind eiförmig bis elliptisch. Die trompetenförmigen Blüten erscheinen in lila oder blau.

Vorkommen:
Chile.

Kulturgeschichtliche Verwendung:
Dunalia solanacea und *Dunalia brachyacantha* enthalten pharmakologisch wertvolle Withanolide, Tropan-Alkaloide, Flavonoide und andere Komponenten (Bravo et al. 2001, Luis et al. 1994, Silva et al. 1999). Die Pflanzen haben nach neueren Erkenntnissen antimikrobielle und antioxidative Eigenschaften. *Dunalia spinosa* wird in Chile als Heilpflanze bei Zahnschmerzen, Atembeschwerden und zur Wundreinigung verwendet (Erazo et al. 2008).

Dyssochroma

Unterfamilie Juanulloideae

Spezies:
Dyssochroma albidoflava (Lem.) Lem.
Dyssochroma albidoflavum (Lem.) Lem.
Dyssochroma eximia Benth. et Hook. f.
Dyssochroma longipes (Sendtn.) Miers
Dyssochroma viridiflora Miers
Dyssochroma viridiflorum (Sims) Miers

Aussehen:
Dyssochroma-Arten sind strauchartig wachsende, epiphytische Gewächse mit eiförmigen Blättern und grünlich bis grünlich-gelber, trichter- bis glockenförmiger Blüte.

Dyssochroma viridiflora

Vorkommen:
Südamerika.

Kulturgeschichtliche Verwendung:
Keine bekannt.

Ectozoma

Unterfamilie Juanulloideae

Spezies:
Ectozoma pavonii MIERS

Aussehen:
Ectozoma pavonii ist ein strauchartiges Gewächs von bis zu 3 Metern Höhe, als Kletterpflanze kann der Monotyp sogar Höhen von über 12 Metern erreichen. Die ledernen und eiförmigen Blätter werden bis 18 Zentimeter lang, die glockenförmigen Blüten erscheinen cremefarben bis weiß, grün oder gelblich-grün.

Vorkommen:
Ecuador, Peru.

Kulturgeschichtliche Verwendung:
Keine bekannt.

Eriolarynx

Unterfamilie Solanoideae, Tribus Solaneae, Untertribus Capsicinae

Spezies:
Eriolarynx fasciculata (Miers) Hunz.
Eriolarynx iochromoides (Hunz.) Hunz.
Eriolarynx lorentzii (Dammer) Hunz.

Aussehen:
Die Arten dieser Gattung sind bis 2 Meter hohe Sträucher mit eiförmigen Blättern, die je nach Art bis 20 Zentimeter lang werden können. Die Blüten sind glocken-, trichter- oder radförmig und erscheinen äußerlich violett und an der Innenseite weißlich mit grünlichen oder violetten Sprenkeln.

Vorkommen:
Argentinien, Bolivien.

Kulturgeschichtliche Verwendung:
Zierpflanzen. Die Eriolarynx-Arten werden in wärmeren Ländern als Kübelpflanzen kultiviert.

Exodeconus

Galapagos Shore Petunia

Unterfamilie Solanoideae, Tribus Solaneae, Untertribus Witheringinae

Spezies:
Exodeconus prostratus Raf.
Exodeconus integrifolius (Phil.) Axelius
Exodeconus maritimus (Benth.) D'Arcy
Exodeconus miersii (Hook. f.) D'Arcy
Exodeconus prostratus (L'Hert.) Raf.
Exodeconus pusillus (Bitter) Axelius

Aussehen:
Die *Exodeconus*-Spezies sind einjährige, krautig wachsende Pflanzen, die bis 80 Zentimeter hoch werden können. Die Pflanze hat eiförmige, meist gewellte Blätter und weiße oder violett-bläuliche Blüten.

Vorkommen:
Chile, Ecuador, Peru.

Kulturgeschichtliche Verwendung:
Exodeconus maritimus enthält die pharmakologisch wertvollen 16-Hydroxywithanolide Withanolid A, Withanon und NIC-3 (Gil et al. 1997).

Fabiana

Fabianastrauch
Pichi-Pichi

Unterfamilie Cestroideae, Tribus Nicotianeae, Untertribus Nicotianinae

Spezies:
Es existieren derzeit etwa 20 gute Arten. Hier eine Auswahl:
Fabiana barriosii PHIL.
Fabiana bryoides PHIL.
Fabiana denudata MIERS
Fabiana ericoides DUN.
Fabiana fiebrigii S. C. ARROYO
Fabiana foliosa (SPEG.) S. C. ARROYO
Fabiana friesii DAMMER
Fabiana imbricata RUIZ et PAV.
Fabiana nana (SPEG.) S. C. ARROYO
Fabiana ramulosa (WEDD.) HUNZ. et BARBOZA
Fabiana patagonica SPEG.
Fabiana squamata PHIL.
Fabiana viscosa HOOK. et ARN.

Aussehen:
Fabiana-Spezies sind strauchartige Pflanzen, die aufrecht oder niederliegend wachsen. Die kleinen Blätter sind eiförmig, linear oder zylindrisch und werden nur bis 9 Millimeter lang. Die glockenförmigen bis zylindrischen Blüten erscheinen je nach Art weiß, bläulich bis violett oder gelblich mit violetten bis rötlichen Streifen.

Vorkommen:
Argentinien, Bolivien, Chile.

Kulturgeschichtliche Verwendung:
Heilpflanzen, Rausch- und Ritualpflanzen. *Fabiana imbricata* ist eine bedeutsame Medizinalpflanze. So erregte „im 19. Jahrhundert (...) die volksmedizinisch erfolgreich genutzte Pflanze auch medizinische Aufmerksamkeit. Henry Hurd Rusby war einer der ersten Forscher und Drogisten, die sich genauer mit der *Fabiana* beschäftigt haben (...). Durch ihn wurde das Kraut unter dem Namen Pichi-Pichi in den USA als Medikament eingeführt (...). Um die Jahrhundertwende wurde es auch in die europäischen Pharmakopöen als Diuretikum aufgenommen" (Rätsch 1998: 263-265). Das getrocknete oder frische Kraut der *Fabiana imbricata* wird als zeremonieller Weihrauch geräuchert.

Grabowskia

Unterfamilie Solanoideae, Tribus Lycieae

Spezies:
Grabowskia boerhaviaefolia (L. f.) Schltdl.
Grabowskia duplicata Arnott.
Grabowskia megalosperma Speg.
Grabowskia obtusa Arnott.

Aussehen:
Die Spezies dieser Gattung sind strauchige Gewächse, die bis 2,5 Meter hoch werden können. Auffällig sind die mit Stacheln besetzten Triebe. Die Blätter sind umgekehrt eiförmig bis elliptisch, der zygomorphe Flor erscheint weiß-gelblich, weißlich-lila, violett oder grünlich.

Vorkommen:
Zentral- und Südamerika.

Kulturgeschichtliche Verwendung:
Keine bekannt.

Grammosolen

Dixon's ray flower

Unterfamilie Anthocercidoideae

Spezies:
Grammosolen dixonii (F. MUELL. et R. TATE) HAEGI
Grammosolen truncatus (ISING) HAEGI

Aussehen:
Die beiden Arten sind bis 2 Meter hohe Sträucher mit eiförmigen bis elliptischen Blättern, die bis 2 Zentimeter lang werden. Die Blüten sind röhrenförmig und erscheinen weiß mit violetten Streifen.

Vorkommen:
Australien.

Kulturgeschichtliche Verwendung:
Keine bekannt. Nicht verifizierte Quellen (Australienreisende) geben an, dass *Grammosolen dixonii* in australischen Busch als Rauschpflanze verwendet werden soll. Es fehlen jedoch für diese Gattung jegliche wissenschaftliche Nachweise. Weder wurden die Inhaltsstoffe bislang analysiert noch liegt eine offizielle ethnobotanische Untersuchung der Nutzung jener Gewächse vor.

Hawkesiophyton

Unterfamilie Juanulloideae

Spezies:
Hawkesiophyton breviflorum (DUNAL) HUNZ.
Hawkesiophyton klugii HUNZ.
Hawkesiophyton panamense (STANDL.) HUNZ.
Hawkesiophyton panamensis (STANDL.) HUNZ.
Hawkesiophyton ulei (DAMMER) HUNZ.

Aussehen:
Die *Hawkesiophyton*-Arten sind strauchartige, epipytische Pflanzen mit eiförmigen bis elliptischen Blättern und weißer bis grünlich-weißer Blüte.

Vorkommen:
Südamerika.

Kulturgeschichtliche Verwendung:
Keine bekannt.

Heteranthia

Unterfamilie Cestroideae, Tribus Schwenckieae

Spezies:
Heteranthia decipiens NEES et MART.

Aussehen:
Heteranthia decipiens ist eine krautige, perennierende Pflanze, die bis etwa einen halben Meter hoch wird. Die eiförmigen Blätter wer-

den bis etwa 6 Zentimeter lang, die zygomorphen Blüten erscheinen weiß, rot oder violett.

Vorkommen:
Brasilien.

Kulturgeschichtliche Verwendung:
Zierpflanze. *Heteranthia decipiens* wird in wärmeren Regionen gelegentlich als Kübelpflanze oder im Freiland kultiviert.

Hunzikeria

Texas Cupflower

Unterfamilie Cestroideae, Tribus Nicotianeae, Untertribus Leptoglossinae

Spezies:
Hunzikeria texana (TORREY) D'ARCY (Texas Cupflower)
Hunzikeria coulteri (A. GREY) D'ARCY
Hunzikeria steyermarkiana D'ARCY

Aussehen:
Hunzikeria-Arten sind krautige Pflanzen mit eiförmigen bis elliptischen Blättern. Die Blüten sind radförmig und erscheinen weiß oder violett.

Vorkommen:
USA, Mexiko, Venezuela.

Kulturgeschichtliche Verwendung:
Hunzikeria texana wird als Zierpflanze verwendet.

Hyoscyamus

Apolloniakraut
Bilsenkraut
Dollkraut
Hannebane
Rindswurz
Saubohne

Unterfamilie Solanoideae, Tribus Hyoscyameae

Spezies:

Untergattung *Hyoscyamus*
Sektion *Hyoscyamus*
Untersektion *Hyoscyamus*

Hyoscyamus reticulatus L.
Hyoscyamus pojarkovae SCHÖNBECK-TEMESY
Hyoscyamus kurdicus BORNM.
Hyoscyamus leucanthera BORNM. et GAUBA
Hyoscyamus afghanicus POJARK.
Hyoscyamus multicaulis K. H. RECHINGER et EDELB.
Hyoscyamus squarrosus GRIFFITH
Hyoscyamus kotschyanus POJARK.
Hyoscyamus arachnoideus POJARK.
Hyoscyamus turcomanicus POJARK.
Hyoscyamus niger L. (Schwarzes Bilsenkraut)

Untersektion *Pusilli*
Hyoscyamus pusillus L.

Untersektion *Adictyi*
Hyoscyamus albus L. (Weißes Bilsenkraut)

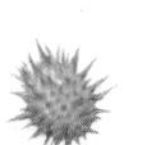

Hyoscyamus cylindrocalyx Rech. f.
Hyoscyamus desertorum (Asch. et Boiss) Täckh.

Sektion *Chamaehyoscyamus*
Hyoscyamus aureus L.
Hyoscyamus senecionis Willd.

Sektion *Pumilio*
Hyoscyamus leptocalyx Stapf.
Hyoscyamus longepedunculatus C. C. Townsend

Hyoscyamus niger

Untergattung *Dendrotrichon*
Hyoscyamus orthocarpus SCHÖNBECK-TEMESY
Hyoscyamus muticus L.
Hyoscyamus boveanus ASCHERS. et SCHWEINF.
Hyoscyamus falezlez COSS.
Hyoscyamus nutans SCHÖNBECK-TEMESY
Hyoscyamus rosularis SCHÖNBECK-TEMESY
Hyoscyamus tenuicaulis SCHÖNBECK-TEMESY
Hyoscyamus insanus STOCKS

Aussehen:
Hyoscyamus-Arten sind einjährige, zweijährige oder perennierende Pflanzen mit krautigem Wuchs von bis zu 1,5 Metern Höhe. Die eiförmigen bis elliptischen bzw. rhombischen Blätter können bis über 20 Zentimeter lang werden. Die zygomorphe Blüte erscheint cremefarben bis weißlich, gelb, gelblich-weiß, oder schmutzig-violett. Die Blüten sind häufig von einer dunklen Nervatur durchzogen.

Vorkommen:
China, Europa, Indien, Kanarische Inseln, Madeira, Nordafrika. Eingeschleppt in Australien, Kanada, USA.

Kulturgeschichtliche Verwendung:
Heilpflanzen, Rausch- und Ritualpflanzen, Zierpflanzen. Die volkstümliche, ethnobotanische und pharmakologische Verwendung der *Hyoscyamus*-Arten ist sehr umfangreich und bedeutsam. Ausführliche Informationen zu dieser Nachtschatten-Gattung sind zusammengefasst in dem diesem Kompendium zugehörigen Band:

STORL, Wolf-Dieter, 2002: *Götterpflanze Bilsenkraut*

Iochroma

Veilchenstrauch
Yasbaum

Unterfamilie Solanoideae, Tribus Solaneae, Untertribus Iochrominae

Spezies:
Iochroma australe GRISEB. (Südlicher Veilchenstrauch)
Iochroma ayabacensa S. LEIVA
Iochroma calycinum BENTH.
Iochroma confertiflorum (MIERS) HUNZ.
Iochroma cornifolium (H. B. K.) MIERS
Iochroma cyaneum (LINDL.) M. L. GREEN (Blauer Veilchenstrauch)
Iochroma edule LEIVA
Iochroma ellipticum (HOOK. F.) HUNZ.
Iochroma fuchsioides (BENTH.) MIERS (Roter Veilchenstrauch/ Fuchsienartiger Veilchenstrauch)

Iochroma fuchsioides

Iochroma gesnerioides (H. B. K.) MIERS
Iochroma grandiflorum BENTH. (Großblütiger Veilchenstrauch)
Iochroma lehmannii BITTER
Iochroma loxense (H. B. K.) MIERS
Iochroma nitidum S. LEIVA et QUIPUSCOA
Iochroma parvifolium (ROEM. et SCHULT.) D'ARCY
Iochroma peruvianum (DUNAL) J. F. MACBR.
Iochroma salpoanum S. LEIVA et LEZAMA
Iochroma squamosum S. LEIVA et QUIPUSCOA
Iochroma stenanthum S. LEIVA, QUIPUSCOA et N. W. SAWYER
Iochroma umbellatum (RUIZ et PAV.) D'ARCY

Aussehen:
Iochroma-Arten sind strauchige bis baumartige, zuweilen kletternde Gewächse mit eiförmigen bis elliptischen Blättern und trompetenförmigen Blüten, die in zahlreichen Farben erscheinen: rot bis rötlichviolett, bläulich, orange, weiß oder grünlich.

Vorkommen:
Mittel- und Südamerika, Westindische Inseln.

Kulturgeschichtliche Verwendung:
Heilpflanze, Rausch- und Ritualpflanze. *Iochroma fuchsioides* wird in ihrer Heimat als ethnomedizinisches Narkotikum und magisches Brechmittel zur Reinigung des Körpers verwendet, außerdem gilt die Pflanze als Ayahuasca-Additiv und Schamanendroge (RÄTSCH 1998: 296-298). *Iochroma fuchsioides* und *Iochroma coccineum* enthalten Withanolide. Diverse Arten finden als Zierpflanzen Verwendung.

Jaborosa

Unterfamilie Solanoideae, Tribus Jaboroseae

Spezies:

Jaborosa ameghinoi Macloskie et Dusén..
Jaborosa andina Kurtz.
Jaborosa araucana Phil.
Jaborosa bergii Hieron.
Jaborosa bipinnatida F. Meigen
Jaborosa bipinnatifida (Dunal) F. Meigen
Jaborosa bonariensis J. F. Gmel.
Jaborosa cabrerae Barboza
Jaborosa caulescens Gillies et Hook.
Jaborosa chubutensis Barboza et Hunz.
Jaborosa crispa (Miers) Benth. et Hook. f.
Jaborosa decurrens Miers
Jaborosa desiderata Speg.
Jaborosa floccosa Dammer
Jaborosa integrifolia Lam.
Jaborosa kurtzii Hunz. et Barboza
Jaborosa laciniata (Miers) Hunz. et Barboza
Jaborosa lanigera (Phil.) Hunz. et Barboza
Jaborosa leiocalyx Dammer
Jaborosa leptophylla Speg.
Jaborosa leucotricha (Speg.) Hunz.
Jaborosa longiflora Moc. et Sessé ex Dunal
Jaborosa magellanica (Griseb.) Dusén
Jaborosa montevidensis Casar.
Jaborosa odonelliana Hunz.
Jaborosa oxipetala Speg.
Jaborosa parviflora (Phil.) Hunz. et Barboza
Jaborosa pinnata Phil.
Jaborosa reflexa Phil.

Jaborosa riojana HUNZ. et BARBOZA
Jaborosa rotacea (LILLO) HUNZ. et BARBOZA
Jaborosa runcinata LAM.
Jaborosa sativa (MIERS) HUNZ. et BARBOZA
Jaborosa sinuata LARRAÑAGA
Jaborosa squarrosa (MIERS) HUNZ. et BARBOZA
Jaborosa tridentata HICKEN
Jaborosa volckmannii (PHIL.) REICHE

Aussehen:
Jaborosa-Spezies sind krautige, kriechende, seltener aufrecht wachsende Pflanzen. Die Blätter sind eiförmig bis elliptisch oder lanzettlich, gebuchtet oder ganzrandig. Die duftenden oder geruchlosen Blüten erscheinen cremefarben bis reinweiß. Auffällig sind die besonders langen Blütenzipfel einiger Arten.

Vorkommen:
Südamerika.

Kulturgeschichtliche Verwendung:
Die Arten *Jaborosa leucotricha* und *Jaborosa odonelliana* enthalten pharmakologisch wertvolle Withanolide (CIRIGLIANO et al. 2002, MISICO et al. 1997, RÄTSCH 1998: 868). Einige Arten werden als Zierpflanzen genutzt, zum Beispiel die *Jaborosa integrifolia*.

Jaltomata

Creeping False Holly
Jaltomato

Unterfamilie Solanoideae, Tribus Solaneae, Untertribus Witheringinae

Spezies:
Es existieren etwa 50 Spezies. Hier eine Auswahl:
Jaltomata alviteziana S. Leiva
Jaltomata andersonii Mione
Jaltomata antillana (Krug et Urban) D'Arcy
Jaltomata aspera (Ruiz et Pav.) Mione
Jaltomata auriculata (Miers) Mione
Jaltomata aypatensis S. Leiva, Mione et Quipuscoa
Jaltomata bernardelloana S. Leiva et Mione
Jaltomata bicolor (Ruiz et Pav.) Mione
Jaltomata biflora (Ruiz et Pav.) Benítez
Jaltomata cajacayensis S. Leiva et Mione
Jaltomata cajamarca Mione
Jaltomata chihuahuensis (Bitter) Mione et Bye
Jaltomata chotanae S. Leiva et Mione
Jaltomata confinis (C. V. Morton) J. L. Gentry
Jaltomata contumacensis S. Leiva et Mione
Jaltomata darcyana Mione
Jaltomata dendroidea S. Leiva et Mione
Jaltomata dentata (Ruiz et Pav.) Benítez
Jaltomata diversa (J. F. Macbr.) Mione
Jaltomata grandiflora (Robinson and Greenmann) D'Arcy, Mione et Davis
Jaltomata guillermo-guerrae Mione et S. Leiva
Jaltomata herrerae (C. V. Morton) Mione
Jaltomata hunzikeri Mione

Jaltomata lanata S. LEIVA et MIONE
Jaltomata leivae MIONE
Jaltomata lezamae LEIVA G. et MIONE
Jaltomata lojae MIONE
Jaltomata lomana MIONE et S. LEIVA
Jaltomata mionei LEIVA G. et QUIPUSCOA
Jaltomata nigricolor S. LEIVA et MIONE
Jaltomata nitida (BITTER) MIONE
Jaltomata oppositifolia S. LEIVA et MIONE
Jaltomata paneroi MIONE et S. LEIVA
Jaltomata procumbens (CAV.) J. L. GENTRY
Jaltomata propinqua (MIERS) MIONE et M.NEE
Jaltomata repandidentata (DUNAL) HUNZ.
Jaltomata sagastegui MIONE
Jaltomata salpoensis S. LEIVA G. et MIONE
Jaltomata sanchez-vegae S. LEIVA et MIONE
Jaltomata sanctae-martae (BITTER) BENÍTEZ
Jaltomata sinuosa (MIERS) MIONE
Jaltomata truxillana S. LEIVA et MIONES. LEIVA et MIONE
Jaltomata umbellata (RUIZ et PAV.) MIONE et M.NEE
Jaltomata ventricosa (BAKER) MIONE
Jaltomata viridiflora (HUMB., BONPL., KUNTH) M.NEE et MIONE
Jaltomata weberbaueri (DAMMER) MIONE
Jaltomata werffii D'ARCY
Jaltomata yacheri MIONE et S. LEIVA
Jaltomata yungayensis MIONE et S. LEIVA

Aussehen:
Die *Jaltomata*-Spezies sind krautige bis strauchige, ausdauernde Gewächse, zum Teil kletternd und von bis zu 5 Metern Höhe. Die eiförmigen bis elliptischen Blätter können je nach Art bis 15 Zentimeter Länge erreichen. Die radförmigen, glocken-, trichter- oder röhrenförmigen Blüten erscheinen cremefarben-weiß, grün, gelb, rosa oder violett bis bläulich, zuweilen zweifarbig.

Vorkommen:
Galapagosinseln, Große Antillen, Südamerika, USA.

Kulturgeschichtliche Verwendung:
Die Früchte der *Jaltomata procumbens* werden als Obst, einige andere Arten, z. B. *Jaltomata viridiflora*, als Zierpflanzen verwendet. Im Gartenhandel findet sich häufig Saatgut der Arten.

Juanulloa

Don-Juan-Pflanze

Unterfamilie Juanulloideae

Spezies:
Es existieren acht gute Arten:
Juanulloa ferruginea Cuatrec.
Juanulloa membranacea Rusby
Juanulloa mexicana (Schltdl.) Miers
Juanulloa ochracea Cuatrec.
Juanulloa parasitica Ruiz. et Pav.
Juanulloa parviflora (Ducke) Cuatrec.
Juanulloa speciosa (Miers) Dunal
Juanulloa verrucosa (Rusby) Hunz. et Subils

Aussehen:
Juanulloa-Arten sind strauchig bis baumförmig, meist jedoch lianenartig wachsende, epiphytische oder terrestrische Pflanzen, die eine Höhe bzw. Länge von bis zu 15 Metern erreichen. Die eiförmigen bis elliptischen Blätter werden bis 30 Zentimeter lang, die trichter- bis röhrenförmigen, duftenden oder geruchlosen Blüten erscheinen orange, rosa oder gelblich.

Vorkommen:
Mittel- und Südamerika.

Kulturgeschichtliche Verwendung:
Einige Spezies enthalten Tropan-Alkaloide und das Alkaloid Parquin, *Juanulloa ochracea* wird in Kolumbien möglicherweise als Ayahuasca-Additiv und als Heilpflanze verwendet (Rätsch 1998: 708). *Juanulloa mexicana* wird als Zierpflanze kultiviert.

Larnax

Unterfamilie Solanoideae, Tribus Solaneae, Untertribus Capsicinae

Spezies:
Larnax andersonii N. W. Sawyer
Larnax darcyana N. W. Sawyer
Larnax dilloniana S. Leiva
Larnax glabra (Standl.) N. W. Sawyer
Larnax grandiflora N. W. Sawyer et S. Leiva
Larnax harlingiana Barboza et Hunziker
Larnax hawkesii Hunziker
Larnax kann-rasmussenii S. Leiva et Quip.
Larnax longipedunculata S. Leiva, Rodríguez et Campos
Larnax lutea S. Leiva
Larnax macrocalyx S. Leiva, Rodríguez et Campos
Larnax nivea S. Leiva et N. W. Sawyer
Larnax parviflora S. Leiva et N. W. Sawyer
Larnax peruviana (Zahlbruckner) Hunziker
Larnax pilosa S. Leiva, Rodríguez et Campos
Larnax psilophyta N. W. Sawyer
Larnax purpurea S. Leiva
Larnax sachapapa Hunziker

Larnax sagasteguii S. Leiva, Quipuscoa et N. W. Sawyer
Larnax sawyeriana S. Leiva
Larnax steyermarkii Hunziker
Larnax subtriflora (Ruiz et Pavón) Miers.
Larnax suffruticosa (Dammer) Hunziker
Larnax sylvarum (Standl. et C. V. Morton) N. W. Sawyer
Larnax vasquezii S. Leiva, Rodríguez et Campos

Aussehen:
Die *Larnax*-Spezies sind krautige, buschige oder baumförmige Pflanzen, die je nach Art eine Höhe von bis zu 4 Metern erreichen. Die eiförmigen bis elliptischen bis rhombischen Blätter werden bis 35 Zentimeter lang. Die glocken- oder becherförmigen Blüten erscheinen weiß, gelb, grünlich, oder purpurrot, zuweilen lila gesprenkelt.

Vorkommen:
Südamerika.

Kulturgeschichtliche Verwendung:
Keine bekannt.

Latua

Baum der Zauberer

Unterfamilie Cestroideae, Tribus Latueae

Spezies:
Latua pubiflora (Griseb.) Baill.

Aussehen:
Dieser Monotyp wächst strauchig bis baumförmig und kann Höhen

von bis zu 10 Metern erreichen. Auffällig sind die bis zu 2 Zentimeter langen Stacheln in den Blattachseln, die allerdings nicht alle Pflanzen tragen. Die Blätter sind lanzettlich und bis zu 8 Zentimeter lang, die Blüte ist glockenförmig und violett.

Vorkommen:
Chile.

Kulturgeschichtliche Verwendung:
Heilpflanze, Rausch- und Ritualpflanze, Zierpflanze. *Latua publiflora* enthält Tropan-Alkaloide und ist ein schamanisches Entheogen. Zubereitungen aus Blättern, Blüten, Pflanzensaft, Rinde und getrockneten Pflanzenteilen werden in Chile für rituelle Zwecke gebraucht, die Pflanze gilt zudem als Aphrodisiakum, Tonikum, Schmerzmittel, Badezusatz und Gift (Rätsch 1998: 314-316). Getrocknete Blätter und Blüten sind ein hervorragendes psychonautisches Rauch- und Räucherkraut. *Latua publiflora* ist außerdem eine ehemalige, heute nur noch sehr seltene Zierpflanze (Gardner 2002).

Leptoglossis

Unterfamilie Cestroideae, Tribus Nicotianeae, Untertribus Leptoglossinae

Spezies:
Leptoglossis acutiloba (I. M. Johnst.) Hunziker et Subils
Leptoglossis albiflora (Johnst.) Hunziker et Subils
Leptoglossis berlandieri Britton
Leptoglossis coulteri A. Gray
Leptoglossis linifolia (Miers) Griseb.
Leptoglossis schwenkioides Benth.
Leptoglossis texana (Torr.) Gray

Aussehen:
Leptoglossis-Arten sind einjährige oder perennierende, krautige bis strauchige Pflanzen, die bis zu einem Meter hoch werden. Die elliptischen bis lienaren Blätter werden bis 25 Zentimeter lang. Die zygomorphe Blüte erscheint cremefarben, gelb oder violett bis bläulich.

Vorkommen:
Argentinien, Peru.

Kulturgeschichtliche Verwendung:
Keine bekannt.

Leucophysalis

Large-flowered ground-cherry
Large false groundcherry
White-flowered ground-cherry

Unterfamilie Solanoideae, Tribus Solaneae, Untertribus Physalinae

Spezies:
Leucophysalis grandiflora (Hook.) Rydb.
Leucophysalis nana (A. Gray) Averett

Aussehen:
Die Arten sind krautige, einjährige oder perennierende Pflanzen mit elliptischen bis linearen, einzeln oder paarweise stehenden Blättern und radförmiger Blüte, die gelblich oder weiß mit gelbem Schlund erscheint.

Vorkommen:
Nordamerika.

Kulturgeschichtliche Verwendung:
Beide Arten enthalten pharmakologisch wertvolle Flavonoide (AVERETT et al. 1971).

Lycianthes

Enzianstrauch
Kartoffelbaum

Unterfamilie Solanoideae, Tribus Solaneae, Untertribus Solaninae

Spezies:
Die Gattung Lycianthes umfasst etwa 150 Arten. Diese wurden für einige Zeit zur Gattung *Solanum* gezählt, gelten aber jetzt wieder als eigenständig. Hier eine Auswahl:

Lycianthes acutifolia (RUIZ et PAV.) BITTER
Lycianthes amatitlanensis (COULT. et DONN. SM.) BITTER
Lycianthes anisophylla BITTER
Lycianthes armentalis J. L. GENTRY
Lycianthes asarifolia (KUNTH et BOUCHÉ) BITTER
Lycianthes austin-smithii C. V. MORTON et STANDL.
Lycianthes barbatula STANDL. et STEYERM.
Lycianthes biflora (LOUR.) BITTER
Lycianthes cearaensis BITTER
Lycianthes ciliolata (M. MARTENS et GALEOTTI) BITTER
Lycianthes coffeifolia BITTER
Lycianthes cuneata STANDL.
Lycianthes cyathocalyx (BITTER) VAN HEURCK et MÜLL. ARG.
Lycianthes dejecta BITTER
Lycianthes fasciculata (RUSBY) BITTER
Lycianthes ferruginea BITTER

Lycianthes herbert-smithii RUSBY
Lycianthes heteroclita (SENDTN.) BITTER
Lycianthes heterodonta BITTER
Lycianthes hypoleuca STANDL.
Lycianthes hypomalaca BITTER
Lycianthes inaequilatera (RUSBY) BITTER
Lycianthes jalicensis E. DEAN
Lycianthes laevis (DUNAL) BITTER
Lycianthes lenta (CAV.) BITTER
Lycianthes leptocaulis (RUSBY) M. NEE
Lycianthes levis BITTER
Lycianthes longidentata BITTER
Lycianthes luteynii D'ARCY
Lycianthes lycioides (L.) HASSLER
Lycianthes macrodon (WALL. ex NEES) BITTER
Lycianthes martiniana Standl.
Lycianthes medusocalyx BITTER
Lycianthes moziniana (Dunal) Bitter
Lycianthes nitida BITTER
Lycianthes novogranatensis MOLDENKE
Lycianthes obliquifolia STANDL.
Lycianthes pauciflora (VAHL) BITTER
Lycianthes profunderugosa BITTER
Lycianthes pseudolycioides (CHODAT et HASSL.) BITTER
Lycianthes pyrifolia RUSBY
Lycianthes radiata (SENDTN.) BITTER
Lycianthes rantonnei (CARRIÈRE) BITTER
Lycianthes recticarpa RUSBY
Lycianthes reflexa RUSBY
Lycianthes repens (SPRENG.) BITTER
Lycianthes rimbachii STANDL.
Lycianthes rzedowskii E. DEAN
Lycianthes sanctae-marthae BITTER
Lycianthes starbuckii E. DEAN

Lycianthes stenoloba (van Heurck et Muell.-Arg.) Bitter
Lycianthes surotatensis Gentry
Lycianthes tarapotensis Bitter
Lycianthes tomentella Rusby
Lycianthes tricolor (Dunal) Bitter
Lycianthes ulei Bitter
Lycianthes viridus Rusby

Aussehen:
Lycianthes-Spezies sind krautige bis strauchige oder baumförmige, aufrechte oder niederliegend kriechende, zuweilen auch kletternde Gewächse, die bis über 7 Meter hoch werden können. Die eiförmigen bis elliptischen oder linearen Blätter werden je nach Art bis über 20 Zentimeter lang. Die Blüten sind duftend oder geruchlos, tag- oder nachtblühend und erscheinen weiß, violett oder blau.

Vorkommen:
Mittel- und Südamerika, Südostasien.

Kulturgeschichtliche Verwendung:
Einige Arten, z. B. *Lycianthes asariflora* und *Lycianthes moziniana,* liefern essbare Früchte. *Lycianthes rantonnei* (syn. *Solanum rantonnetii)* ist eine häufig verwendete Zierpflanze.

➔ *siehe Stichwort Solanum*

Lycium

Bocksdorn
Chinesische Wolfsbeere
Hexenzwirn
Teufelszwirn
Goji

Unterfamilie Solanoideae, Tribus Lycieae

Spezies:
Die Gattung *Lycium* umfasst etwa 80 Arten. Hier eine Auswahl:

Lycium acutifolium E. May ex Dunal
Lycium afrum L.
Lycium ameghinoi Speg.
Lycium americanum Jacq.
Lycium amoenum Dammer
Lycium andersonii A. Gray
Lycium arenicola Miers
Lycium argentino-cestroides Hieronymus
Lycium arochae Chiang, Wendt et Lott
Lycium athium Bernardello
Lycium australe F. Muell.
Lycium barbarum L. (Gemeiner Bocksdorn)
Lycium bosciifolium Schinz.
Lycium brevipes Benth.
Lycium berlandieri A. Gray
Lycium brachyanthum A. Gray
Lycium carolinianum Walter
Lycium californicum Nutt. ex A. Gray
Lycium carinatum S. Watson
Lycium carolinianum Walter
Lycium cestroides Schltdl.

Lycium chanar Phil.
Lycium chilense Miers
Lycium chinense Mill.
Lycium ciliato-elongatum Bernardello
Lycium ciliatum Schltdl.
Lycium cinereum Thunb.
Lycium cooperi A. Gray
Lycium cuneatum Dammer
Lycium cyathiformum C. L. Hitchc.
Lycium cylindricum Kuang et A. M. Lu
Lycium dasystemum Pojarkova
Lycium decumbens Welw. ex Hiern
Lycium densifolium Wiggins
Lycium depressum Stocks
Lycium deserti Phil.
Lycium distichum Meyen
Lycium divaricatum Rusby
Lycium eenii S. Moore
Lycium elongato-cestroides Hieronymus
Lycium elongatum Miers
Lycium europaeum L.
Lycium exsertum A. Gray
Lycium ferocissimum Miers
Lycium fremontii A. Gray
Lycium fuscum Miers
Lycium gariepense A. M. Venter
Lycium gilliesianum Miers
Lycium glomeratum Sandwith
Lycium glomeratum Sendtn.
Lycium gracilipes A. Gray
Lycium grandicalyx Joubert et A. M. Venter
Lycium hantamense A. M. Venter
Lycium hassei A. Gray
Lycium hirsutum Dunal

Lycium horridum THUNB.
Lycium humile PHIL.
Lycium infaustum MIERS
Lycium intricatum BOISS.
Lycium isthmense CHIANG
Lycium johnstoni BLAKE
Lycium leiospermum I. M. JOHNST.
Lycium leiostemum WEDDELL
Lycium macrodon A. GRAY
Lycium martii SENDTER
Lycium mascarense A. M. VENTER et A. J. SCOTT
Lycium megacarpum WIGGINS
Lycium minimum C. L. HITCHCOCK
Lycium minutifolium RÉMY
Lycium morongii BRITTON
Lycium nodosum MIERS
Lycium oxycarpum DUNAL
Lycium pallidum MIERS
Lycium palmeri A. GRAY
Lycium parishii A. GRAY
Lycium paucifolium RUSBY
Lycium pilifolium C. H. WRIGHT
Lycium pringlei A. GRAY
Lycium puberulum A.GRAY
Lycium pubitubum C. L. HITCHCOCK
Lycium pumilum DAMMER
Lycium rachidocladum DUNAL
Lycium repens SPEG.
Lycium richii A. GRAY
Lycium ruthenicum MURRAY
Lycium sandwicense A. GRAY
Lycium schaffneri A. GRAY
Lycium schizocalyx C. H. WRIGHT
Lycium schreiteri BARKLEY

Lycium schweinfurthii DAMMER
Lycium shawii ROEM. et SCHULT.
Lycium shockleyi A. GRAY
Lycium spathulifolium BRITTON
Lycium stenophyllum RÉMY
Lycium stolidum MIERS
Lycium strandveldense A. M. VENTER
Lycium tenue WILLD.
Lycium tenuispinosum MIERS
Lycium tetrandrum L. f.
Lycium texanum CORRELL
Lycium torreyi A. GRAY
Lycium umbellatum ROSE
Lycium villosum SCHINZ
Lycium vimineum MIERS
Lycium yunnanense KUANG et A. M. LU

Aussehen:
Lycium-Spezies sind strauchige bis baumförmige, aufrecht, niederliegend oder kriechend wachsende Pflanzen, die Höhen bis 4 Meter erreichen können. Die ganzrandigen Blätter sind elliptisch bis linear, die trichter- oder röhrenförmigen Blüten sind weiß bis cremefarben, cremefarben-gelblich, gelblich-weiß, grünlich-weiß, grünlich-gelb, bläulich-weiß oder violett. Zuweilen mit dunkler Nervatur oder braunen, grünen, violetten oder rötlichen Sprenkeln.

Vorkommen:
Afrika, Amerika.

Kulturgeschichtliche Verwendung:
Einige Arten, z. B. *Lycium barbarum*, enthalten die pharmakologisch aktiven Wirkstoffe Scopolamin und Withanolide (RÄTSCH 1998: 862, 868) sowie parasympathikolytisch wirkende, stickstoffhaltige Glykoside und Carotinoide (HUNNIUS 1998: 845). Die frische, blühende

Pflanze wird als Homöopathikum Lycium Berberis gebraucht. Extrakte aus der Pflanze haben stark antioxidative Effekte sowie krebs- und glaukomhemmende Eigenschaften. Die Pflanze gilt in China als Heil- und Küchenkraut. Der gemeine Bocksdorn wird häufig als Zierpflanze kultiviert. Blätter und Früchte des Gewächses sind außerdem essbar.

Lycopersicon

Tomate

Unterfamilie Solanoideae, Tribus Solaneae, Untertribus Solaninae

Spezies:
Die Gattung *Lycopersicon* ist eine Sektion innerhalb der Gattung *Solanum* - und hier wieder ein Teil der Untergattung *Potatoe*. Es ist nach wie vor strittig, ob die einzelnen Spezies daher zur Gattung *Lycopersicon* oder *Solanum* gerechnet werden. So heißt die Tomate einerseits *Solanum lycopersicum*, andere Botaniker nennen sie *Lycopersicon lycopersicum.* Hier das gängige System innerhalb *Solanum* (➔ *siehe daher auch das Stichwort Solanum*):

Neolycopersicon-Gruppe
Solanum pennellii Corell

Eriopersicon-Gruppe
Solanum chilense (Dunal) Reiche
Solanum corneliomulleri J. F. Macbride
Solanum habrochaites S.Knapp et D. M. Spooner
Solanum huaylasense Peralta
Solanum peruvianum L.

Arcanum-Gruppe
Solanum arcanum PERALTA
Solanum chmielewskii (C. M. RICK, KESICKI, FOBES et M. HOLLE) D. M. SPOONER, G. J. ANDERSON et R. K. JANSEN
Solanum neorickii D. M. SPOONER, G. J. ANDERSON et R. K. JANSEN

Lycopersicon-Gruppe
Solanum cheesmaniae (L. RILEY) FOSBERG
Solanum galapagense S. C. DARWIN et PERALTA
Solanum lycopersicum L. (Tomate)
Solanum pimpinellifolium L.

Aussehen:
Die Arten sind meist einjährige oder zweijährige, zuweilen perennierende, krautige bis strauchartige Pflanzen, die Wuchshöhen von etwa 2 Metern erreichen. Die eiförmigen Blätter werden je nach Art und Alter bis über 20 Zentimeter lang. Die radförmigen Blüten sind gelb.

Vorkommen:
Galapagos-Inseln, Südamerika, als Kulturpflanze weltweit angebaut.

Kulturgeschichtliche Verwendung:
Einige Arten werden ethnobotanisch als Heilpflanzen verwandt. Besonders die Art *Lycopersicon lycopersicum* ist mit ihrer Frucht, der Tomate, eine der bekanntesten Nahrungspflanzen. Ausführliche Informationen zu dieser Nachtschatten-Gattung sind zusammengefasst in dem diesem Kompendium zugehörigen Band:

ORESTES, Davias, 2007 : *Chilifeuer & Knollengenuss*

➔ *siehe Stichwort Solanum*

Mandragora

Alraune
Galgenmännchen

Unterfamilie Solanoideae, Tribus Mandragoreae

Spezies:
Mandragora caulescens C. B. Clarke (Himalaya-Alraune)
Mandragora officinarum L. (Gemeine Alraune)
Mandragora turcomanica Mizg. (Turkmenische Alraune)

Aussehen:
Mandragora-Arten sind krautige, perennierende Pflanzen, die als stengellose Rosette wachsen. Diese Rosetten können durchaus Ausmaße von über 1,5 Meter Breite annehmen. Die eiförmigen bis elliptischen Blätter können bei alten Exemplaren 80 Zentimeter Länge

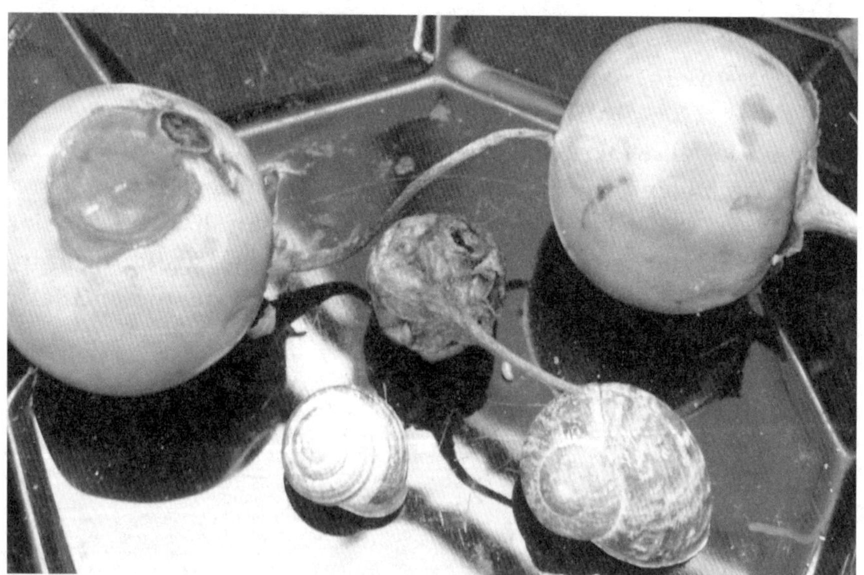

Mandragora-Früchte

Der Baum der Zauberer, *Latua pubiflora*, ist die einzige Art der Gattung und ein seltenes Schamanenentheogen.

→ *Siehe Stichwort auf Seite 84*

Der als Zierpflanze beliebte Enzianstrauch *Lycianthes rantonnei* wurde botanisch früher in die Gattung *Solanum* eingeordnet und *Solanum rantonnetii* genannt.

→ *Siehe Stichwort auf Seite 87*

Tabakpflanzen der Gattung *Nicotiana* gibt es in zahlreichen Zierformen.

➔ *Siehe Stichwort auf Seite 103*

Noch mehr Hybriden bringt allerdings die Gattung *Petunia* hervor. Fleißige Züchter kreieren immer neue Petunienformen.

➔ *Siehe Stichwort auf Seite 112*

Die Judenkirsche *Physalis alkekengi* bildet im Alter ausladende Büsche.

➔ *Siehe Stichwort auf Seite 116*

Die Bauernorchidee *Schizanthus x wisetonensis* wird auch Spaltblume genannt.

➔ *Siehe Stichwort auf Seite 131*

Der Goldkelch *Solandra* sp. enthält wie viele *Solanaceae* psychoaktive Tropanalkaloide.

➔ *Siehe Stichwort auf Seite 139*

Der Jasminblütige Nachtschatten *Solanum jasminoides* wird häufig als Zierpflanze verwendet.

➔ *Siehe Stichwort auf Seite 139*

erreichen. Die glockenförmige Blüte ist violett oder violett-bläulich, grünlich-weiß oder gelb. Auffällig ist vor allem der üble Geruch, den die Pflanzen zuweilen absondern.

Vorkommen:
Asien, Mittelmeergebiet, Nordafrika.

Kulturgeschichtliche Verwendung:
Heilpflanzen, Rausch- und Ritualpflanzen. Die volkstümliche, ethnobotanische und heilkundliche Nutzung der *Mandragora*-Spezies ist ganz besonders umfänglich und bedeutsam. Ausführliche Informationen zu dieser Nachtschatten-Gattung sind zusammengefasst in dem diesem Kompendium zugehörigen Band:

MÜLLER-EBELING, Claudia, RÄTSCH, C., 2004: *Zauberpflanze Alraune*

Markea

Unterfamilie Juanulloideae

Spezies:
Markea antioquiensis S. KNAPP
Markea camponoti DUCKE
Markea ciliata SPRUCE
Markea crosybana D'ARCY
Markea coccinea RICH.
Markea epifita S. KNAPP
Markea formicarium DAMMER
Markea leucantha DONN. Sm.
Markea longiflora MIERS
Markea longiflorum MIERS
Markea longipes (SENDTN.) CUATREC.

Markea lopezii HUNZ.
Markea neurantha HEMSL.
Markea porphyrobaphes SANDWITH
Markea reticulata STEYERM. et MAGUIRE
Markea sessiliflora DUCKE
Markea sturmii Cuatrec.
Markea ulei (DAMMER) CUATREC.
Markea uniflora LUNDELL
Markea vasquezii E. RODR., sp. nov.
Markea venosa STANDL. et C. V. MORTON
Markea verrucosa RUSBY
Markea viridifolia (SIMS) DUCKE

Aussehen:
Markea-Spezies sind epiphytische Pflanzen, die als Lianen oder aufrecht bis niederliegend strauchartig wachsen und Höhen bzw. Längen von bis über 3 Meter erreichen können. Die meist elliptischen, zuweilen umgekehrt-eiförmig-elliptischen Blätter werden je nach Art bis über 20 Zentimeter lang. Die Blüten sind trichter- bis röhrenförmig und erscheinen in zahlreichen Farbvariationen: rot, rötlich-orange, gelblich-orange, gelblich-grün, weißlich-grün, grünlich, violett oder dunkelviolett. Der Flor ist entweder geruchlos, duftend oder übelriechend.

Vorkommen:
Mittel- und Südamerika.

Kulturgeschichtliche Verwendung:
Markea formicarium enthält den psychoaktiven Wirkstoff Scopoletin (RÄTSCH 1998: 863) und wird möglicherweise als Ayahuasca-Additiv verwendet (RÄTSCH 1998: 708).

Melananthus

Unterfamilie Cestroideae, Tribus Schwenckieae

Spezies:
Melananthus fasciculatus (BENTH.) SOLER
Melananthus guatemalensis (BENTH. ex HEMSL.) SOLER.
Melananthus dipyrenoides J. WALPERS

Aussehen:
Die *Melananthus*-Arten sind krautige bis strauchig wachsende Pflanzen mit elliptischen, zuweilen auch eiförmigen Blättern und röhrenförmigen, gelblichen oder grünlichen Blüten.

Vorkommen:
Brasilien, Guatemala.

Kulturgeschichtliche Verwendung:
Keine bekannt.

Merinthopodium

Unterfamilie Juanulloideae

Spezies:
Merinthopodium campanulatum DONN.SM.
Merinthopodium internexum S. F. BLAKE
Merinthopodium leptesthemum S. F. BLAKE
Merinthopodium leucanthum (DONN. SM.) S. F. BLAKE
Merinthopodium neuranthum DONN. Sm.
Merinthopodium pendulum (CUATREC.) HUNZ.
Merinthopodium uniflorum (LUNDELL) HUNZ.

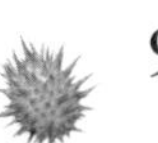

Merinthopodium vogel (CUATREC.) R. CASTILLO et R. E. SCHULTES

Aussehen:
Die Arten sind epiphytische oder terrestrische, strauchig oder als Lianen wachsende Pflanzen, die eine Höhe bzw. Länge von bis zu 2 Metern erreichen können. Die annähernd ledrigen, elliptischen Blätter werden je nach Art bis etwa 20 Zentimeter lang. Der glockenförmige Flor wird bis 10 Zentimeter lang und erscheint zumeist olivfarben mit violetten Streifen.

Vorkommen:
Mittel- und Südmerika.

Kulturgeschichtliche Verwendung:
Keine bekannt.

Metternichia

Unterfamilie Cestroideae, Tribus Metternichieae

Spezies:
Metternichia principis J. C. MIKAN

Aussehen:
Der Monotyp ist ein baumartiges Gewächs, das bis etwa 10 Meter hoch werden kann. Die eiförmigen bis zuweilen elliptischen Blätter werden bis etwa 10 Zentimeter lang. Die Blüten sind trichterförmig, weiß und duftend.

Vorkommen:
Brasilien.

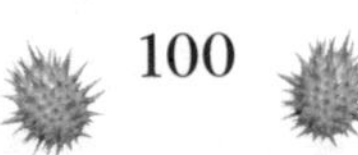

Kulturgeschichtliche Verwendung:
Metternichia principis wird in wärmeren Regionen gelegentlich als Zierpflanze im Kübel oder im Freiland kultiviert.

Nectouxia

Transpecos Stinkleaf

Unterfamilie Solanoideae, Tribus Jaboroseae

Spezies:
Nectouxia formosa KUNTH

Aussehen:
Der Monotyp ist ein geophytisches, krautiges und perennierendes Gewächs von bis zu 60 Zentimetern Höhe. Die eiförmigen Blätter werden bis 10 Zentimeter lang, die becherförmige Blüte erscheint in gelb oder gelblich-grün. Auffällig ist der üble Geruch, den die Pflanze absondert.

Vorkommen:
Chihuahua, Mexiko, Texas.

Kulturgeschichtliche Verwendung:
Wird in den USA gelegentlich als Zierpflanze kultiviert.

Nicandra

Giftbeere

Unterfamilie Solanoideae, Tribus Nicandreae

Spezies:
Nicandra physalodes (L.) GAERTN.

Aussehen:
Nicandra physalodes ist ein krautiges, aufrecht wachsendes, bis 2 Meter hohes Gewächs. Die eiförmigen Blätter werden bis 30 Zentimeter lang, die glockenförmige Blüte der Stammform ist zart violett bis bläulich-weiß, es existieren jedoch auch Hybriden für die Kultur mit weißem und zweifarbig weiß-violettem Flor. Auffällig sind die lampionartigen Kelche (wie bei → *Physalis*), die die Frucht umschließen.

Nicandra physalodes, getrocknet

Vorkommen:
Südamerika, ausgewildert auch in Australien, Deutschland, Hawaii, Indien, Mosambik, USA und auf den Galapagos-Inseln.

Kulturgeschichtliche Verwendung:
Heilpflanze, Nutzpflanze, Zierpflanze. Die Giftbeere enthält Alkaloide und Withanolide. In der südamerikanischen Ethnobotanik werden Zubreitungen aus *Nicandra physalodes* als Diuretikum, Mydriatikum, Insektizid, Entlausungsmittel, Wurmmittel und Gift verwendet (DUKE 1996). Die Pflanze wird außerdem als natürlicher Schädlingsbekämpfer gegen die Weiße Fliege zu Nahrungsmittel liefernden Gewächsen und als Zierpflanze in Kübel und Freiland gepflanzt. Entsprechende Hybriden sind im Gartenhandel erhältlich.

Nicotiana

Tabak

Unterfamilie Cestroideae, Tribus Nicotianeae, Untertribus Nicotianinae

Spezies:
Sektion Alatae
Nicotiana alata LINK et OTTO
Nicotiana azambujae L. B. SM. et DOWNS
Nicotiana bonariensis LEHM.
Nicotiana forgetiana HEMSL.
Nicotiana langsdorffii WEINM.
Nicotiana longiflora CAV.
Nicotiana mutabilis STEHMANN et SEMIR
Nicotiana plumbaginifolia VIV.

Sektion Nicotiana
Nicotiana tabacum L.

Sektion Noctiflorae
Nicotiana acaulis Speg.
Nicotiana ameghinoi Speg.
Nicotiana glauca Graham
Nicotiana noctiflora Hook
Nicotiana paa Mart. Crov.
Nicotiana petuniodes (Griseb.) Millán

Sektion Paniculatae
Nicotiana benavidesii Goodsp.
Nicotiana cordifolia Phil.
Nicotiana cutleri D'Arcy
Nicotiana knightiana Goodsp.

Nicotiana sandrae

Nicotiana paniculata L.
Nicotiana raimondii J. F. MACBR.
Nicotiana solanifolia WALP.

Sektion Petunioides
Nicotiana acuminata (GRAHAM) HOOK.
Nicotiana attenuata TORREY ex S. WATSON
Nicotiana corymbosa J. RÉMY
Nicotiana linearis PHIL
Nicotiana longibracteata PHIL.
Nicotiana miersii J. RÉMY
Nicotiana pauciflora J. RÉMY
Nicotiana spegazzinii MILLÁN

Sektion Polydicliae
Nicotiana clevelandii A. GRAY
Nicotiana quadrivalvis PURSH

Sektion Repandae
Nicotiana nesophila I. M. JOHNSTON
Nicotiana nudicaulis S. WATSON
Nicotiana repanda WILLD.
Nicotiana stocktonii BRANDEGEE

Sektion Rusticae
Nicotiana rustica L.

Sektion Suaveolentes
Nicotiana africana MERXM.
Nicotiana amplexicaulis N. T. BURB.
Nicotiana benthamiana DOMIN
Nicotiana burbidgeae SYMON
Nicotiana cavicola N. T. BURB.
Nicotiana debneyi DOMIN

Nicotiana excelsior (J. M. BLACK) J. M. BLACK
Nicotiana exigua H.-M. WHEELER
Nicotiana fragrans HOOKER
Nicotiana goodspeedii H.-M. WHEELER
Nicotiana gossei DOMIN
Nicotiana hesperis N. T. BURB.
Nicotiana heterantha KENNEALLY ET SYMON
Nicotiana ingulba J. M. BLACK
Nicotiana maritima H.-M. WHEELER
Nicotiana megalosiphon VAN HUERCK et MÜLL.ARG.
Nicotiana occidentalis H.-M. WHEELER
Nicotiana rosulata (S. MOORE) DOMIN
Nicotiana rotundifolia LINDL.
Nicotiana simulans N. T. BURB.
Nicotiana stenocarpa H.-M. WHEELER
Nicotiana suaveolens LEHM
Nicotiana truncata D. E. SYMON
Nicotiana umbratica N. T. BURB.
Nicotiana velutina H.-M. WHEELER
Nicotiana wuttkei CLARKSON et SYMON

Nicotiana rustica

Sektion Sylvestres
Nicotiana sylvestris SPEG. et COMES

Sektion Tomentosae
Nicotiana kawakamii Y. OHASHI
Nicotiana otophora GRISEB.
Nicotiana setchellii GOODSP.
Nicotiana tomentosa RUIZ et PAV.
Nicotiana tomentosiformis GOODSP.

Sektion Trigonophyllae
Nicotiana obtusifolia M. MARTENS et GALEOTTI
Nicotiana palmeri A. GRAY

Sektion Undulatae
Nicotiana arentsii GOODSP.
Nicotiana glutinosa L.
Nicotiana thrysiflora BITTER ex GOODSP.
Nicotiana undulata RUIZ et PAV.
Nicotiana wigandioides KOCH et FINTELM.

Aussehen:
Die zahlreichen Arten der Gattung sind sowohl einjährige wie auch perennierende, krautige bis strauchartige Gewächse, die je nach Art und Alter Wuchshöhen von bis über 2 Meter erreichen können. Die ganzrandigen oder gewellten, eiförmigen bis elliptischen Blätter werden teils bis 1 Meter lang. Die Blüten sind röhren- oder becher- bis trichterförmig bzw. stieltellerförmig und erscheinen weiß, rot, purpurrot, rosa, weiß-rosa, gelb, grünlich-gelb, gelblich-rot oder aschfarben.

Vorkommen:
Amerika. Heute wird *Nicotiana tabacum* aber wegen der Gewinnung von Tabak weltweit angebaut.

Kulturgeschichtliche Verwendung:
Heilpflanzen, Rausch- und Ritualpflanzen, Zierpflanzen, sonstige Nutzpflanzen (Tabakblätter werden z. B. als Ingredienz für Parfüm verwendet). Die Verwendung von *Nicotiana*-Arten ist ganz besonders umfangreich und weltweit von eminenter kulturhistorischer Bedeutung. Ausführliche Informationen zu dieser Nachtschatten-Gattung sind zusammengefasst in den diesem Kompendium zugehörigen Bänden:

RÄTSCH, CHRISTIAN, 2002: *Schamanenpflanze Tabak I*
RÄTSCH, CHRISTIAN, 2003: *Schamanenpflanze Tabak II*

Nierembergia

Nierenbergie
Weißbecher
Cupflower

Unterfamilie Cestroideae, Tribus Nicotianeae, Untertribus Nierembergiinae

Spezies:
Es existieren etwa 20 Arten innerhalb der Gattung. Hier eine Auswahl:
Nierembergia angustifolia KUNTH
Nierembergia aristata SWEET
Nierembergia caerulea GILLIES ex MIERS
Nierembergia gracilis HOOK.
Nierembergia hippomanica MIERS
Nierembergia linariaefolia GRAH. (Schmalblättriger Weißbecher)
Nierembergia prostrata MILLAN
Nierembergia pulchella MIERS
Nierembergia repens RUIZ et PAV. (Kriechender Weißbecher)

Nierembergia rigida MIERS
Nierembergia scoparia SENDTN. (Strauch-Weißbecher)

Aussehen:
Nierembergia-Spezies sind krautige, aufrecht oder niederliegend wachsende Pflanzen von bis zu 60 Zentimetern Höhe. Die elliptischen, eiförmigen oder linearen Blätter werden bis etwa 6 Zentimeter lang. Die Blüten sind zygomorph, glockenförmig, duftend oder geruchlos und erscheinen weiß, cremefarben, gelblich, rosa, bläulich und violett.

Vorkommen:
Mittel- und Südamerika.

Kulturgeschichtliche Verwendung:
Nierembergia caerulea, Nierembergia hippomanica, Nierembergia linariifolia, Nierembergia repens und *Nierembergia scoparia* finden als Zierpflanzen Verwendung. Besonders schön sind die Hybridformen *Nierembergia hippomanica* 'Blue Mountain' und *Nierembergia caerulea* 'Purple Robe'.

Normania

Unterfamilie Solanoideae, Tribus Solaneae, Untertribus Solaninae

Spezies:
Normania triphylla (LOWE) LOWE
Normania nava (WEBB et BERTHEL.) J. FRANCISCO-ORTEGA et LESTER

Aussehen:
Die *Normania*-Arten sind krautige bis strauchige Pflanzen mit eiförmigen Blättern und tellerförmigen Blüten, die blau und violett erscheinen.

Vorkommen:
China, Kanarische Inseln, Madeira.

Kulturgeschichtliche Verwendung:
Keine bekannt.

Nothocestrum

'Aiea

Unterfamilie Solanoideae, Tribus Solaneae, Untertribus Witheringinae

Spezies:
Nothocestrum breviflorum A. Gray
Nothocestrum longifolium A. Gray
Nothocestrum peltatum Skottsb.
Nothocestrum latifolium A. Gray
Nothocestrum subcordatum Mann

Aussehen:
Nothocestrum-Arten sind baumartige Pflanzen, die im Alter Wuchshöhen von bis zu 15 Metern erreichen können. Die ledrigen, eiförmigen bis elliptischen bis herzförmigen Blätter werden bis 20 Zentimeter lang. Die stieltellerförmige, duftende Blüte ist grünlich, gelb oder grünlich-gelb.

Vorkommen:
Hawaii.

Kulturgeschichtliche Verwendung:
Die Arten werden auf Hawaii volksmedizinisch genutzt (Chun 1994:

15f.). Das Holz der Pflanzen wird außerdem zum Bau von Booten verwendet (KRAUSS 1993: 50; MALO 1951: 21).

Oryctes

Nevada Oryctes

Unterfamilie Solanoideae, Tribus Solaneae, Untertribus Iochrominae

Spezies:
Oryctes nevadensis S. Watson

Aussehen:
Oryctes nevadensis ist eine einjährige, krautige Pflanze, die nur etwa 20 Zentimeter hoch wird. Die eiförmigen bis linealischen, ganzrandigen bis gewellten Blätter werden bis 3 Zentimeter lang. Die röhrenförmige Blüte wird bis 6 Zentimeter lang und erscheint gelblich, gelblich-grün oder bräunlich-violett.

Vorkommen:
Kalifornien, Nevada.

Kulturgeschichtliche Verwendung:
Die Art enthält Flavonoide (AVERETT et al. 1983). Eine pharmakologische Nutzung der Pflanze und Pflanzenwirkstoffe ist nicht bekannt. *Oryctes nevadensis* wird als Zierpflanze kultiviert.

Pantacantha

Unterfamilie Cestroideae, Tribus Benthamielleae

Spezies:
Pantacantha ameghinoi SPEG.

Aussehen:
Der Monotyp ist ein strauchartiges Gewächs, das in Ausnahmefällen eine Höhe von etwa 1 Meter erreichen kann. Die linealischen bis elliptischen Blätter werden bis 3 Zentimeter lang. Die trichterförmige bis zylindrische Blüte erscheint gelb oder gelb-grünlich.

Vorkommen:
Argentinien, Patagonien.

Kulturgeschichtliche Verwendung:
Die Pflanze wird in wärmeren Regionen gelegentlich als Zierpflanze kultiviert.

Petunia

Petunie
Shanín

Unterfamilie Cestroideae, Tribus Nicotianeae, Untertribus Nicotianinae

Spezies:
Petunia altiplana T. ANDO et HASHIM.
Petunia axillaris (LAM.) BRITTON, STERNS et POGGENB.
(Weißblütige Petunie)

Petunia-Hybride

Petunia bajeensis T. ANDO et HASHIM.
Petunia bonjardinensis T. ANDO et HASHIM.
Petunia exserta STEHMANN
Petunia inflata R. E. FR.
Petunia integrifolia (HOOK.) SCHINZ et THELL. (Violette Petunie)
Petunia interior T. ANDO et HASHIM.
Petunia mantiqueirensis T. ANDO et HASHIM.
Petunia occidentalis R. E. FR.
Petunia reitzii L. B. SM. et DOWNS
Petunia saxicola L. B. SM. et DOWNS
Petunia scheideana L. B. SM. et DOWNS
Petunia secreta STEHMANN et SEMIR
Petunia violacea LINDL.

Aussehen:

Die Petunien sind ausdauernde, krautig wachsende, aufrechte oder niederliegende, zuweilen polsterbildende Pflanzen, die je nach Art

Petunia-Hybride

bis etwa 70 Zentimeter Höhe oder Länge erreichen können. Die Blätter sind eiförmig, lanzettlich oder elliptisch, die trichterförmigen Blüten erscheinen weiß, rot, rötlich-purpurn oder zart blau. Es existieren zahlreiche Hybridformen mit variablen Blütenfärbungen.

Vorkommen:
Argentinien, Bolivien, Brasilien, Ecuador, Paraguay, Uruguay.

Kulturgeschichtliche Verwendung:
Rausch- und Ritualpflanzen, Zierpflanzen. *Petunia violacea* wird in Ecuador shanín genannt und dort von den Indianern als psychoaktive Pflanze geraucht (Rätsch 1998: 576). Die Gattung enthält Diterpene und Ketone. Ganz besonders populär ist die Verwendung der Petunien als Zierpflanzen. Zu diesem Zweck wurde aus den beiden Spezies *Petunia integrifolia* und *Petunia axillaris* die Gartenform

Petunia x hybrida gezüchtet, die wiederum Grundlage für weitere Hybriden war.

Phrodus

Unterfamilie Solanoideae, Tribus Lycieae

Spezies:
Phrodus microphyllus (MIERS) MIERS

Aussehen:
Der Monotyp ist ein strauchiges Gewächs, das bis zu 2 Meter Höhe erreichen kann. Die elliptischen oder umgekehrt-eiförmigen Blätter werden bis 8 Millimeter lang, die trichterförmige Blüte ist weiß, gelb oder gelblich-weiß.

Vorkommen:
Südamerika, hauptsächlich Chile.

Kulturgeschichtliche Verwendung:
Die Art enthält ein Sesquiterpen und andere pharmakologisch aktive Substanzen (GAMBARO et al. 1986). Weitere Informationen über eine eventuelle Nutzung der Pflanze sind derzeit nicht verfügbar.

Physalis

Blasenkirsche
Judenkirsche
Kapstachelbeere
Lampionblume

Unterfamilie Solanoideae, Tribus Solaneae, Untertribus Physalinae

Spezies:
Es existieren etwa 120 Spezies der Gattung Physalis, die sich in diverse Untergattungen und Sektionen aufspalten. Hier eine Auswahl:

Untergattung Physalis
Physalis alkekengi L. (Lampionblume)

Physalis-Lampions

Untergattung Physalodendron
Physalis arborescens L.
Physalis melanocystis BITTER

Untergattung Quincula
Physalis lobata (syn. *Quincula lobata*)

Physalis alkekengi

Untergattung Rydbergis
Sektion Angulatae
Physalis acutifolia (MIERS) SANDWITH
Physalis ampla WATERF.
Physalis angulata L.
Physalis carnosa STANDLEY
Physalis crassifolia BENTH.
Physalis lagascae ROEM. et SCHULT.
Physalis microcarpa URB. et ECKMAN
Physalis philadelphica LAM. (Tomatillo)
Physalis sulphurea (FERNALD) WATERF.

Sektion Campanulae
Physalis campanula STANDL. et STEYERM.
Physalis glutinosa SCHLECHT.

Sektion Carpenterianae
Physalis carpenteri RIDDELL

Sektion Coztomatae
Physalis aggregata WATERF.
Physalis angustior WATERF.
Physalis chenopodifolia LAM.
Physalis coztomatl DUNAL
Physalis greenmanii WATERF.
Physalis hintonii WATERF.
Physalis lassa STANDLEY et STEYERM.
Physalis lignescens WATERF.
Physalis longiloba VARGAS, M. MARTÍNEZ et DÁVILA
Physalis longipedicellata WATERF.
Physalis mcvaughii WATERF.
Physalis orizabae DUNAL

Physalis alkekengi

Physalis pennellii WATERF.
Physalis philippiensis FERNALD
Physalis pringlei GREENM.
Physalis sancti-josephi DUNAL
Physalis subrepens WATERF.
Physalis waterfallii VARGAS, M. MARTÍNEZ et DÁVILA

Sektion Epeteiorhiza
Physalis angustiphysa WATERF.
Physalis cordata MILL.
Physalis grisea (WATERF.) M. MARTÍNEZ
Physalis ignota BRITTON
Physalis latiphysa WATERF.
Physalis leptophylla B. L. ROB. et GREENM.
Physalis minuta GRIGGS
Physalis missouriensis MACK. et BUSH
Physalis neomexicana RYDB.
Physalis nicandroides SCHLECHT.
Physalis patula MILL.
Physalis porrecta WATERF.
Physalis pruinosa L.
Physalis pubescens L.
Physalis tamayoi VARGAS, M. MARTÍNEZ et DÁVILA

Sektion Lanceolatae
Physalis caudella STANDL.
Physalis fendleri A. GRAY
Physalis gracilis MIERS
Physalis hastatula WATERF.
Physalis hederifolia A. GRAY
Physalis heterophylla NEES
Physalis ingrata STANDLEY
Physalis lanceolata MICHX.
Physalis longifolia NUTT.

Physalis muelleri WATERF.
Physalis peruviana L. (Kapstachelbeere)
Physalis pumila NUTT.
Physalis queretaroensis M. MARTINEZ et L. HERNANDEZ
Physalis sordida FERNALD
Physalis virginiana MILL.
Physalis volubilis WATERF.

Sektion Rydbergae
Physalis minimaculata WATERF.
Physalis rydbergii FERNALD

Sektion Tehuacanae
Physalis tehuacanensis WATERF.

Sektion Viscosa
Physalis angustifolia NUTT.
Physalis cinerascens A. S. HITCHCOCK
Physalis mollis NUTT.
Physalis vestita WATERF.
Physalis viscosa L.
Physalis walteri NUTT.

Aussehen:
Die *Physalis*-Spezies sind einjährige oder perennierende, krautige bis strauchige Pflanzen, die meist bis 1 Meter, in Ausnahmefällen bis 5 Meter hoch werden können. Die eiförmigen bis elliptischen, spatelförmigen bis linearen Blätter sind gezähnt, ganzrandig oder gelappt und werden bis über 10 Zentimeter lang. Die rad- bis glockenförmige Blüte ist gelb, weiß oder violett. Auffällig sind die lampionartigen Kelche (wie bei → *Nicandra*), die die Frucht umschließen.

Vorkommen:
Asien, Mittel- und Südamerika, USA, Europa.

Kulturgeschichtliche Verwendung:
Heilpflanzen, Rausch- und Ritualpflanzen, Zierpflanzen. Einige Arten enthalten Tropan-Alkaloide und andere Alkaloide. Der Saft der *Physalis angulata* wird in der Ethnomedizin Brasiliens gegen Ohrenschmerzen verwandt, auch als Psychoaktivum sind *Physalis* sp. bekannt: „Der Kelch, der die Beere wie ein Lampion umhüllt, kann geraucht werden. Er hat eindeutig psychoaktive Wirkungen, die sich eher narkotisch äußern" (RÄTSCH 1998: 577). Andere Spezies sind beliebte Zierpflanzen und Nahrungsmittel-Lieferanten. So sind beispielsweise die Früchte der *Physalis alkekengi*, die wohlschmeckenden Kap-Stachelbeeren, selbst beim Discounter häufig zu haben.

Physochlaina

Büschelbilsenkraut

Unterfamilie Solanoideae, Tribus Hyoscyameae

Spezies:
Physochlaina alaica KOROTKOVA ex KOVALEVSK
Physochlaina albiflora GRUBOV
Physochlaina capitata A. M. LU
Physochlaina dubia PASCHER
Physochlaina infundibularis KUANG
Physochlaina macrocalyx PASCHER
Physochlaina macrophylla BONATI
Physochlaina orientalis (M. BIEB.) G. DON SVEN.
(syn. *Physochlaina physaloides* (L.) DON)
Physochlaina praealta (DECNE.) MIERS
Physochlaina rubricaulis MIERS
Physochlaina semenowii nom. nud.

Aussehen:
Physochlaina-Arten sind ausdauernde, krautige bis strauchig wachsende Pflanzen, die bis etwa 60 Zentimeter hoch werden. Die eiförmigen bis elliptischen Blätter sind ganzrandig oder gebuchtet. Die becher- bis trichterförmigen Blüten sind weißlich-rosa oder rosa bis violett.

Vorkommen:
China, Pakistan, Russland, Tibet.

Kulturgeschichtliche Verwendung:
Heil- und Rauschpflanze, Zierpflanze. *Physochlaina physaloides* (= *Physochlaina orientalis*) enthält Tropan-Alkaloide (Rätsch 1998: 867) und Cumarine (Daandai et al. 1988) und ist eine Heilpflanze innerhalb der tibetischen Heilkunde. In Sibirien werden getrocknete Wurzelstücke der Pflanze dem Bier beigefügt. *Physochlaina orientalis* wird außerdem gelegentlich als Zierpflanze verwendet.

Plowmania

Unterfamilie Cestroideae, Tribus Nicotianeae, Untertribus Leptoglossinae

Spezies:
Plowmania nyctaginoides (Standl.) Hunz. et Subils

Aussehen:
Der Monotyp ist ein rankendes Gewächs, das bis über 1,5 Meter hoch werden kann. Die Blätter sind oval-elliptisch und bis 10 Zentimeter lang, die Blüte ist trichterförmig und rot mit goldgelbem Schlund.

Vorkommen:
Guatemala, Mexiko.

Kulturgeschichtliche Verwendung:
Keine bekannt.

Protoschwenckia

Unterfamilie Cestroideae, Tribus Schwenckieae

Spezies:
Protoschwenckia mandonii SOLER.

Aussehen:
Der Monotyp ist ein strauchartiges Gewächs von bis zu 1 Meter Höhe. Die länglich-eiförmigen, zur Basis hin herzförmigen Blätter werden bis etwa 3 Zentimeter lang, die röhrenförmige Blüte erscheint gelb.

Vorkommen:
Brasilien, Bolivien.

Kulturgeschichtliche Verwendung:
Keine bekannt.

Przewalskia

Unterfamilie Solanoideae, Tribus Hyoscyameae

Spezies:
Przewalskia tangutica MAXIM.

Aussehen:
Der Monotyp ist eine perennierende, krautige Pflanze, deren ei- bis spatelförmige, gewellte Blätter bis 17 Zentimeter lang werden können. Auffällig ist der rosettenartige Wuchs der Pflanze. Die röhrenförmige Blüte ist gelb, violett oder lila.

Vorkommen:
China, Tibet.

Kulturgeschichtliche Verwendung:
Die Pflanze wird in China als Heilpflanze gegen Schwellungen, Muskelkrämpfe und Schmerzen verwendet (ZHI-YUN et al. 1881).

Quincula

Chinese Lantern
Purple Ground Cherry

Unterfamilie Solanoideae, Tribus Solaneae, Untertribus Physalinae

Spezies:
Quincula lobata (TORREY) RAF.

Aussehen:
Diese monotypische Spezies ist ein perennierendes, krautiges Gewächs von etwa 30 Zentimetern Wuchshöhe. Die elliptischen, ganzrandigen oder gezähnt-gewellten Blätter können eine Länge von bis zu 7 Zentimetern erreichen. Die radförmige Blüte ist weiß, violett oder blau.

Vorkommen:
Mexiko, USA.

Kulturgeschichtliche Verwendung:
Quincula lobata wird gelegentlich als Zierpflanze kultiviert.

Rahowardiana

Unterfamilie Juanulloideae

Spezies:
Rahowardiana globifera KNAPP et D'ARCY
Rahowardiana wardiana D'ARCY

Aussehen:
Die beiden *Rahowardiana*-Arten sind epiphytische oder terrestrische, kletternde Sträucher von bis zu 2 Metern Höhe. Die umgekehrteiförmigen Blätter werden bis zu 30 Zentimeter lang. Die zygomorphe Blüte ist weiß oder gelb.

Vorkommen:
Kolumbien, Panama.

Kulturgeschichtliche Verwendung:
Die beiden Arten werden gelegentlich als Zierpflanzen im Kübel kultiviert.

Reyesia

Unterfamilie Salpiglossoideae

Spezies:
Reyesia chilensis GAY
Reyesia juniperoides (WERDERM.) D'ARCY
Reyesia laxa (MIERS) D'ARCY
Reyesia parviflora (PHIL.) HUNZ.

Aussehen:
Die *Reyesia*-Arten sind strauchartige Gewächse, die eine Höhe von etwa 80 Zentimetern erreichen können. Die Blätter sind elliptisch und werden bis 4 Zentimeter lang, Reyesia parviflora ist jedoch so gut wie blattlos. Auffällig sind die stachelförmigen Zweige. Die zygomorphe, röhren- oder trichterförmige Blüte ist gelb, violett oder blau, zuweilen mit violetten Streifen.

Vorkommen:
Argentinien, Chile.

Kulturgeschichtliche Verwendung:
Einige Arten werden gelegentlich als Zierpflanzen kultiviert.

Salpichroa

Pampas Lily-of-the-Valley
Uvita de campo
Huevito de gallo

Unterfamilie Solanoideae, Tribus Jaboroseae

Spezies:
Salpichroa alata DAMMER
Salpichroa amoena BENOIST
Salpichroa breviflorum DUNAL
Salpichroa ciliata MIERS
Salpichroa colubrina BENOIST
Salpichroa cordata RUSBY
Salpichroa dependens MIERS
Salpichroa diffusa WALP.
Salpichroa dilatata DAMMER
Salpichroa foetida DAMMER
Salpichroa gayi BENOIST
Salpichroa glandulosa (HOOK.) MIERS
Salpichroa glandulosum DUNAL
Salpichroa hirsuta MIERS
Salpichroa lehmannii DAMMER
Salpichroa longiflora BENOIST
Salpichroa mandoniana WEDD.
Salpichroa micrantha BENOIST
Salpichroa microloba KEEL
Salpichroa microphylla (DUNAL) KEEL
Salpichroa origanifolia (LAM.) BAILL.
Salpichroa proboscidea BENOIST
Salpichroa quitensis BENOIST
Salpichroa ramosissima MIERS
Salpichroa rhomboidea MIERS

Salpichroa rhomboideum Dammer
Salpichroa sarmentosa Benoist
Salpichroa scandens Dammer
Salpichroa tenuiflora Benoist
Salpichroa tristis Miers
Salpichroa uncu Benoist
Salpichroa weberbaueri Dammer
Salpichroa weddellii Benoist
Salpichroa wrightii Miers ex A.Gray

Aussehen:
Die *Salpichroa*-Spezies sind strauchig bis baumförmig wachsende Pflanzen, die je nach Art Wuchshöhen von bis zu 3 Metern erreichen können. Die Blätter sind elliptisch bis linear, die becher- bis glockenförmigen Blüten sind weiß bis cremefarben, rosa oder gelblich bis gelblich-grün.

Vorkommen:
Australien, Kanada, USA, Südamerika.

Kulturgeschichtliche Verwendung:
Salpichroa origanifolia enthält pharmakologisch wertvolle Withanolide (Mareggiani et al. 2002) und hat entzündungshemmende Eigenschaften (Boeris et al. 2004). Einige Arten werden als Heilpflanzen und Nutzpflanzen gebraucht, z. B. als natürliches Insektizid (Duke 1996). Einige Arten, wiederum z. B. *Salpichroa origanifolia*, werden außerdem gelegentlich als Zierpflanzen kultiviert.

Salpiglossis

Trompetenzunge
Painted tongue

Unterfamilie Salpiglossoideae

Spezies:
Salpiglossis sinuata RUIZ et PAV. (Trompetenzunge)
Salpiglossis spinescens CLOS.

Aussehen:
Salpiglossis-Arten sind einjährige oder perennierende Sträucher oder Büsche, die Höhen von bis etwa 1 Meter erreichen. Die eiförmig-elliptischen bis länglich-linearen Blätter können bis 7 Zentimeter lang werden. Die glockenförmige Blüte erscheint purpur, rot, karmin, orange, gelb, violett bis bläulich, blau-schwarz, zuweilen auch zweifarbig. Es existieren zahlreiche Hybridformen für den Gartenfreund.

Vorkommen:
Südamerika.

Kulturgeschichtliche Verwendung:
Salpiglossis sinuata wird wegen des betörend bunten Flors häufig als Zierpflanze verwendet. Herrlich sind Hybridformen wie z. B. *Salpiglossis sinuata* 'Kew Blue', *Salpiglossis* 'Royal Chocolate Painted Tongue' und *Salpiglossis sinuata* 'Painted Tongue'.

Saracha

Unterfamilie Solanoideae, Tribus Solaneae, Untertribus Iochrominae

Spezies:
Saracha punctata Ruiz et Pav.
Saracha quitensis (Hook.) Miers

Aussehen:
Saracha-Arten sind strauchige bis baumförmige Pflanzen, die Höhen bis etwa 10 Meter erreichen können. Die eiförmigen bis elliptischen Blätter werden bis zu 15 Zentimeter lang, die röhren-, trichter- bis glockenförmige Blüte ist gelblich bis violett mit braunen oder violetten Sprenkeln.

Vorkommen:
Mittel- und Südamerika.

Kulturgeschichtliche Verwendung:
Saracha punctata enthält pharmakologisch wertvolle Alkaloide und Flavonoide (Moretti et al. 1998). Die Arten werden außerdem gelegentlich als Zierpflanzen kultiviert.

Schizanthus

Bauernorchidee
Schmetterlingsblume
Spaltblume
Butterfly Flower

Unterfamilie Schizanthoideae

Spezies:
Schizanthus alpestris POEPP. ex BENTH..
Schizanthus candidus LINDL.
Schizanthus grahamii HOOK. (Abgestumpfte Spaltblume)
Schizanthus hookerii GILLIES ex GRAHAM
Schizanthus integrifolius PHIL.
Schizanthus lacteus PHIL.
Schizanthus laetus PHIL.

Schizanthus x *wisentoensis*

Schizanthus litoralis PHIL.
Schizanthus parvulus SUDZUKI
Schizanthus pinnatus RUIZ et PAVÓN (Gefiederte Spaltblume)
Schizanthus porrigens GRAHAM
Schizanthus tricolor GRAU et GRONB

Aussehen:
Schizanthus-Spezies sind einjährige oder zweijährige, krautige bis strauchige Pflanzen, die etwa 1 Meter hoch werden. Die ganzrandigen, gebuchteten, gezackten, gelappten oder gefiederten Blätter werden bis über 10 Zentimeter lang. Die zygomorphen Blüten sind je nach Art rosa bis rot, violett oder cremefarben bis weiß, zuweilen mit gold-gelb gesprenkeltem Schlund.

Vorkommen:
Chile.

Kulturgeschichtliche Verwendung:
Einige Arten, z. B. *Schizanthus hookeri, Schizanthus pinnatus* und die Hybridform *Schizanthus x wisentoensis*, werden als Zierpflanzen kultiviert. Daneben gibt es zahlreiche weitere Hybriden für den Garten.

Schultesianthus

Unterfamilie Juanulloideae

Spezies:
Schultesianthus crosbianus (D'Arcy) S. Knapp
Schultesianthus coriaceus (Kuntze) Hunz.
Schultesianthus dudleyi Bernardello et Hunz.
Schultesianthus megalandrus (Dunal) Hunz.
Schultesianthus odoriferus (Cuatr.) Hunziker
Schultesianthus suaveolens (Standl.) Hunziker
Schultesianthus uniflorus (Lundell) S. Knapp, comb. nov.
Schultesianthus venosus (Standley et C. V. Morton) S. Knapp, comb. nov.

Aussehen:
Die *Schultesianthus*-Arten sind epiphytische oder halbepiphytische Pflanzen mit eiförmigen bis elliptischen Blättern, die je nach Art bis über 10 Zentimeter lang werden. Die becher- bis glockenförmige, duftende oder geruchlose Blüte ist gelb oder seltener auch weiß.

Vorkommen:
Mittel- und Südamerika.

Kulturgeschichtliche Verwendung:
Keine bekannt.

Schwenckia

Unterfamilie Cestroideae, Tribus Schwenckieae

Spezies:
Es existieren etwa 25 Arten. Hier eine Auswahl:
Schwenckia americana L.
Schwenckia angustifolia BENTH.
Schwenckia curviflora BENTH.
Schwenckia filiformis EKMAN ex URB.
Schwenckia glabrata KUNTH
Schwenckia grandiflora BENTH.
Schwenckia heterantha CARVALHO
Schwenckia huberi BENÍTEZ
Schwenckia juncoides CHODAT
Schwenckia lateriflora (VAHL) CARVALHO
Schwenckia mandoni RUSBY
Schwenckia mollissima NEES et MART.
Schwenckia paniculata (RADDI) CARVALHO

Aussehen:
Schwenckia-Arten sind einjährige oder perennierende Gewächse, die aufrecht oder niederliegend wachsen und je nach Art und Alter bis 2,5 Meter hoch werden können. Die elliptischen bis eiförmigen oder herzförmigen Blätter können Längen von bis zu 9 Zentimetern erreichen. Die zygomorphe, röhren- bis glockenförmige Blüte ist gelb, grün oder violett.

Vorkommen:
Mittel- und Südamerika, Ostafrika.

Kulturgeschichtliche Verwendung:
Keine bekannt.

Scopolia

Glockenbilsenkraut
Tollkraut
Tollrübe

Unterfamilie Solanoideae, Tribus Hyoscyameae

Spezies:
Scopolia carniolica JACQ. (Krainer Tollkraut)
Scopolia japonica MAXIM.

Aussehen:
Die beiden *Scopolia*-Arten sind einjährige, krautige Pflanzen, die bis etwa 80 Zentimeter hoch werden. Die umgekehrt eiförmigen Blätter werden bis etwa 15 Zentimeter lang, zuweilen auch länger. Die becher- bis glockenförmige Blüte ist im Inneren gelb bis gelblich-grün, äußerlich jedoch rot-violett bis braun-violett.

Vorkommen:
Europa, Ostasien.

Kulturgeschichtliche Verwendung:
Rausch- und Ritualpflanze, Heilpflanze. *Scopolia carniolica* enthält psychoaktive Tropan-Alkaloide und hatte einst ethnobotanische Bedeutung: „In Ostpreußen, Litauen sowie im Balkan wurde das Tollkraut früher genau wie die Alraune gesammelt und magisch verwendet. (...) Die *Scopolia carniolica* wurde in Osteuropa auch volksmedizinisch wie die *Mandragora officinarum* benutzt (...). In Litauen wurde die Pflanze zur Behandlung von Rheuma, Gicht, Zahnschmerzen, Koliken, Parkinson-Syndrom, aber auch als Schlafmittel für Kinder, als Aphrodisiakum und zur Abtreibung verwendet“ (RÄTSCH 1998: 470-472). Außerdem gibt es ein homöopathisches Produkt aus der Pflanze. Tollkraut ist darüber hinaus ein hervorragendes psychonautisches Rauchkraut.

Sessea

Unterfamilie Cestroideae, Tribus Cestreae

Spezies:
Sessea acuminata FRANCEY
Sessea elliptica FRANCEY
Sessea graciliflora BITTER
Sessea herzogii DAMMER
Sessea hypotephrodes BITTER
Sessea hypotophrodes BITTER
Sessea jorgensenii BENÍTEZ
Sessea multinervia FRANCEY
Sessea pedicellata FRANCEY
Sessea regnellii TAUB.
Sessea rugosa RUSBY
Sessea stipulata RUIZ et PAV.

Aussehen:
Sessea-Arten sind ausdauernde, strauchig bis baumförmig wachsende Pflanzen, die in Einzelfällen Wuchshöhen von bis zu 25 Metern erreichen können. Die elliptischen bis lanzettlichen Blätter werden bis 11 Zentimeter lang. Die trichter- bis röhrenförmigen Blüten sind gelb, grünlich-gelb oder weißlich-gelb.

Vorkommen:
Südamerika, Haiti.

Kulturgeschichtliche Verwendung:
Keine bekannt.

Solandra

Goldkelch

Unterfamilie Solanoideae, Tribus Solaneae, Tribus Solandreae

Spezies:
Solandra arborescens Clokey
Solandra brachycalyx Kuntze
Solandra brevicalyx Standley
Solandra boliviana Britton ex Rusby
Solandra carolinense L. (Pferdenessel)
Solandra grandiflora Sw.
Solandra coriacea Kuntze
Solandra gracilis Woods
Solandra grandiflora Sw.

Solandra sp.

Solandra guerrerensis MARTINEZ
Solandra guttata D. DON
Solandra hirsuta DUN.
Solandra longiflora TUSSAC
Solandra macanthra DUN.
Solandra maxima (SESSE ET MOC.) P. S. GREEN (Üppiger Goldkelch)
Solandra nitida ZUCC.
Solandra nizandensis MATUDA
Solandra paraensis DUCKE

Aussehen:
Solandra-Arten sind strauchig oder lianenartig wachsende, teils epiphytische Pflanzen, deren Lianen unter günstigen Umständen bis 30 Meter lang werden können. Die eiförmigen bis elliptischen, teils fast runden Blätter können bis über 17 Zentimeter lang werden. Die zygomorphe, trichter- bis röhrenförmige Blüte ist weiß, gelb oder grün mit Streifen oder bläulich-violett oder weißlich-gelb mit violettem Anteil. Die Blüten einiger Arten, z. B. *Solanum longiflora*, werden bis knapp 40 Zentimeter lang.

Vorkommen:
Mittel- und Südamerika, Westindische Inseln.

Kulturgeschichtliche Verwendung:
Heilpflanzen, Rausch- und Ritualpflanzen, Zierpflanzen. Vor allem die mexikanischen Arten (*Solandra brevicalyx, Solandra macanthra, Solandra nitida*) enthalten psychoaktive Tropan-Alkaloide und werden in Mexiko, z. B. von den Huichol, den Huasteken und den Mixteken, ethnomedizinisch und rituell verwendet sowie als hoch wirksame Aphrodisiaka geschätzt (RÄTSCH 1998: 473-476). „Möglicherweise ist der zentralmexikanische *Solandra*-Schamanismus älter als der aus Nordmexiko stammende Peyotekult" (RÄTSCH 1998: 473). *Solandra*-blätter geben ein hervorragendes Psychonautenkraut ab. Einige Arten sind beliebte Zierpflanzen.

Solanum

Nachtschatten

Unterfamilie Solanoideae, Tribus Solaneae, Untertribus Solaninae

Spezies:
Die Gattung *Solanum* umfasst weit über 2200 Arten. Unter anderem gehören die Kartoffelpflanze, die Aubergine, der Bittersüße Nachtschatten, der Schwarze Nachtschatten und strittigerweise auch die Tomate (siehe → Stichwort *Lycopersicon*) dazu. Hier eine kleine Auswahl der wichtigsten Nachtschatten-Arten (wegen der Uneinigkeit der botanischen Systeme, in wie viele Untergattungen und Sektionen die Spezies innerhalb der Gattung aufgeteilt werden, verzichtet der Autor in diesem Fall auf den Versuch einer Aufschlüsselung):

Solanum tuberosum

Solanum abbottii LEONARD
Solanum abitaguense S. KNAPP
Solanum abutilifolium RUSBY
Solanum acanthocarpum RANTONNET
Solanum acanthodes HOOK. f.
Solanum acaule BITTER
Solanum aculeatum O. E. SCHULZ
Solanum accrescens STANDL. et C. V. MORTON
Solanum acerifolium DUNAL
Solanum actaeabotrys RUSBY
Solanum actaebotrys RUSBY
Solanum actephilum GUILLAUMIN
Solanum adenochlamys BITTER
Solanum adhaerens ROEM. et SCHULT.
Solanum adscendens SENDTN.
Solanum aethiopicum L. (Afrikanische Aubergine)
Solanum ambosinum OCHOA
Solanum abutiloides (Griseb.) BITTER et LILLO (Zwergbaumtomate)
Solanum alatum MOENCH (Rotfrüchtiger Nachtschatten, Mennigroter Nachtschatten)
Solanum argenteum DUNAL
Solanum atropurpureum SCHRANK (Dunkelvioletter Nachtschatten)
Solanum aviculare G. FORST. (Känguruapfel)
Solanum bauerianum ENDL.
Solanum betaceum CAV. (Tamarillo)
Solanum bistellatum L. B. SM. et DOWNS
Solanum bonariense L. (Argentinischer Nachtschatten)
Solanum carolinense L. (Carolina-Nachtschatten)
Solanum citrullifolium A. BR. (Melonenblatt-Nachtschatten)
Solanum depauperatum DUNAL
Solanum diatum Raf.
Solanum dulcamara L. (Bittersüßer Nachtschatten)
Solanum ecuadorense BITTER
Solanum edwardsii STANDL.

Solanum elaeagnifolium Cav.
Solanum ellipsoideibaccatum Bitter
Solanum endopogon (Bitter) Bohs
Solanum enoplocalyx Dunal
Solanum erianthum D. Don
Solanum erosomarginatum S. Knapp
Solanum erythrotrichum Fernald
Solanum evolvulifolium Greenm.
Solanum evonymoides Sendtn.
Solanum exiguum Bohs
Solanum extensum Bitter
Solanum fabrisii Cabrera
Solanum falconense S. Knapp
Solanum felinum Whalen
Solanum fendleri A. Gray
Solanum fiebrigii Bitter
Solanum flaccidum Vell.
Solanum flagellare Sendtn.
Solanum floridanum Shuttlew. ex Dunal
Solanum foederale M. Nee
Solanum foetens S. Knapp
Solanum formonense O. Schmidt
Solanum fraxinifolium Dunal
Solanum frutescens L.
Solanum fugax Jacq.
Solanum fulvidum Bitter
Solanum furcatum Duval
Solanum furfuraceum R. Br.
Solanum genistoides Dunal
Solanum gentlei Lundell
Solanum georgicum R. E. Schult.
Solanum gertii S. Knapp
Solanum giganteum Jacq. Rank (Riesen-Nachtschatten)
Solanum glaucescens Zucc.

Solanum glaucophyllum DESF.
Solanum glomuliflorum SENDTN.
Solanum glutinosum DUNAL
Solanum gnaphalocarpon VELL.
Solanum gomphodes DUNAL
Solanum goniocaulon S. KNAPP
Solanum gonocladum DUNAL
Solanum gonyrhachis S. KNAPP
Solanum goodspeedii K. E. ROE
Solanum grandiflorum RUIZ et PAV.
Solanum graveolens Bunbury
Solanum grayi Rose
Solanum hystrix R. Br. (Igel-Nachtschatten)
Solanum immite DUNAL
Solanum inaequilaterale Merr.
Solanum incanum Kit. ex Schult.

Solanum jasminoides

Solanum incarceratum Ruiz et Pav.
Solanum incisum Griseb.
Solanum inelegans Rusby
Solanum inodorum Vell.
Solanum insulae-solis Bitter
Solanum interius Rydb.
Solanum intermedium Sendtn.
Solanum iodotrichum Van Heurck et Müll. Arg.
Solanum ipecacuanha Chodat
Solanum jabrense M. Agra et M. Nee
Solanum jalcae Ochoa
Solanum jaliscanum Greenm.
Solanum jamaicense Mill.
Solanum jamesii Torr.
Solanum jasminoides Paxton (Jasminblütiger Nachtschatten)
Solanum johannae Bitter
Solanum juglandifolium Dunal
Solanum lalandi Dunal
Solanum lambii Fernald
Solanum lanceifolium Jacq.
Solanum lanceolatum Cav.
Solanum lantana Sendtn.
Solanum lasianthum Van Heurck et Müll. Arg.
Solanum laxum Spreng. (Jasmin-Nachtschatten)
Solanum leucocarpon Dunal
Solanum leucodendron Sendtn.
Solanum leucopogon Huber
Solanum lhotskyanum Dunal
Solanum linnaeanum (Sodomsapfel)
Solanum lycopersicum L. (Tomate) → *siehe Stichwort Lycopersicon*
Solanum macbridei Hunz. ex Lallana
Solanum macrocarpon L.
Solanum madrense Fernald
Solanum mahoriense E. F. Guimar. et Fontella

Solanum maioranthum L. B. SM. et DOWNS
Solanum malacothrix S. KNAPP
Solanum malacoxylon SENDTN.
Solanum mammosum L. (Kuheuterpflanze)
Solanum marginatum L. f. (Äthiopischer Nachtschatten, Weißrandiger Nachtschatten)
Solanum melanocerasum ALLIONI (Kulturnachtschatten, Malabarspinat, Gartenheidelbeere, Schwarzbeere)
Solanum melissarum BOHS
Solanum melongena L. (Aubergine)
Solanum mexiae STANDL.
Solanum microdontum BITTER
Solanum microphyllum (LAM.) DUNAL
Solanum minutibaccatum BITTER
Solanum mirum M. NEE
Solanum muricatum AITON (PEPINO)
Solanum myrianthum RUSBY
Solanum myrosotis DUNAL
Solanum nava WEBB et BERTHEL.
Solanum nelsonii DUNAL
Solanum nemorense DUNAL
Solanum nigrescens M. MARTENS et GALEOTTI
Solanum nigricans M. MARTENS et GALEOTTI
Solanum nigrum L. (Schwarzer Nachtschatten)
Solanum nitidibaccatum BITTER
Solanum nocturnum L.
Solanum nodiflorum JACQ.
Solanum nollanum BRITTON
Solanum oblongifolium DUNAL
Solanum ochranthum DUNAL
Solanum ochrophyllum VAN HEURCK et MÜLL. ARG.
Solanum odoriferum VELL.
Solanum oligospermum BITTER
Solanum olivaeforme DONN. SM.

Solanum ombrophilum Pittier ex S. Knapp
Solanum oocarpum Sendtn.
Solanum palitans C. V. Morton
Solanum pallidum Rusby
Solanum palmeri Vasey et Rose
Solanum paludosum Moric.
Solanum pancheri Guillaumin
Solanum pectinatum Dunal
Solanum pedemontanum M. Nee
Solanum pedersenii Cabrera
Solanum peduliflorum Rusby
Solanum pelagicum Bohs
Solanum pelliceum Sendtn.
Solanum pendulibotrys Rusby
Solanum pendulum Ruiz et Pav.
Solanum physalifolium Rusby (Glanzfrüchtiger Nachtschatten)
Solanum pimpinellifolium L.
Solanum platense Dieckmann
Solanum platycypellon S. Knapp
Solanum plowmanii S. Knapp
Solanum pseudocapsicum L. (Korallenstrauch)
Solanum pseudolycioides Rusby
Solanum pseudoquina A. St.-Hil.
Solanum pseudulo Heiser
Solanum pygmaeum Cav.
Solanum pyracanthon Lam. (Feuerdorn-Nachtschatten)
Solanum quaesitum C. V. Morton
Solanum quebradense S. Knapp
Solanum quichense J. M. Coult. et Donn. Sm.
Solanum quitoense Lam. (Lulo, Naranjilla)
Solanum radiatum Sendtn.
Solanum ramonense C. V. Morton et Standl.
Solanum ramulosum Sendtn.
Solanum reductum C. V. Morton

Solanum reflexum SCHRANK
Solanum refractifolium SENDTN.
Solanum refractum HOOK. et ARN.
Solanum reineckii BRIQ.
Solanum reitzii L. B. SM. et DOWNS
Solanum restingae S. KNAPP
Solanum rheithrocharis BITTER
Solanum rhytidoandrum SENDTN.
Solanum riojense BITTER
Solanum riparium PERS.
Solanum rivicola SYMON
Solanum robinsonii BONATI
Solanum robustum H. L. WENDL. (Robuster Nachtschatten)
Solanum rostratum DUNAL (Stachel-Nachtschatten)
Solanum salsum KUNTZE
Solanum saltiense S. MOORE
Solanum sampanense RUSBY
Solanum sarrachoides SENDTN. (Saracho-Nachtschatten)
Solanum scabrum MILL. (Afrikanischer Nachtschatten)
Solanum schomburghii SENDTN.
Solanum schuechii SENDTN.
Solanum schwackeanum L. B. SM. et DOWNS
Solanum sciadostylis (SENDTN.) BOHS
Solanum scorpioideum RUSBY
Solanum scuticum M. NEE
Solanum seaforthianum ANDREWS (Kartoffelranke)
Solanum sisymbrifolium LAM. (Raukenblättriger Nachtschatten, Klebriger Nachtschatten)
Solanum tanysepalum S. KNAPP
Solanum tarapotense VAN HEURCK et MÜLL. ARG.
Solanum tarijense HAWKES
Solanum tegore AUBL.
Solanum tenuiflagellatum BITTER ex S. KNAPP
Solanum tenuifolium DUNAL

Solanum tenuipes Bartlett
Solanum thomasiaefolium Sendtn.
Solanum toldense Matesevach et Barboza
Solanum tolimense Wedd.
Solanum toralapanum Cardenas et Hawkes
Solanum torreyi A. Gray
Solanum torvoideum Merr. et L. M. Perry
Solanum torvum Sw.
Solanum tricuspidatum Dunal
Solanum trisectum Dunal
Solanum triflorum Nutt. (Dreiblütiger Nachtschatten)
Solanum tripartitum Dunal
Solanum triquetrum L.
Solanum tsoi Merr. et Chun
Solanum tuberosum L. (Kartoffel)
Solanum urbanum Morong
Solanum ursinum Rusby
Solanum urticans Dunal
Solanum uporo L. (Menschenfressertomate)
Solanum vaillantii Dunal
Solanum validum Rusby
Solanum vanheurckii Müll. Arg.
Solanum variabile Mart.
Solanum vellozianum Dunal
Solanum velutinum Dunal
Solanum velutissimum Rusby
Solanum verbascifolium L.
Solanum verecundum M. Nee
Solanum villosum Mill. (Gelber Nachtschatten, Hexentomate)
Solanum virginianum L. (Thai-Aubergine)
Solanum wacketii Witasek
Solanum wallacei (A. Gray) Parish
Solanum warmingii Hiern
Solanum wendlandii Hook. f.

Solanum whalenii M. NEE
Solanum williamsii RUSBY
Solanum woodburyi R. A. HOWARD
Solanum wrightii BENTH.
Solanum xanti A. GRAY
Solanum xerophilum PITTIER
Solanum xiphocephalum L. B. SM. et DOWNS
Solanum yanomense S. KNAPP
Solanum yapacaniense KUNTZE
Solanum yucatanum STANDL.

Aussehen:
Solanum ist die größte Gattung innerhalb der Familie *Solanaceae*. Die vielgestaltigen *Solanum*-Spezies sind einjährige oder perennierende, krautige, strauchige, baumförmige oder lianenartige Pflanzen, die aufrecht, niederliegend, kriechend oder rankend wachsen und Wuchshöhen von bis über 20 Meter erreichen können. Einige Arten tragen Stacheln. Die Blätter sind ganzrandig, gebuchtet, gelappt oder gezähnt, die rad-, stern- oder glockenförmigen Blüten sind weiß, gelb, rosa, grün oder violett.

Vorkommen:
Weltweit.

Kulturgeschichtliche Verwendung:
Diverse Arten, z. B. *Solanum dulcamara, Solanum hirtum, Solanum hypomalacophyllum, Solanum leptopodum, Solanum ligustrinum* und andere, gelten als Heilpflanzen, als Rausch- und Ritualpflanzen (RÄTSCH 1998: 476-479). Einige Arten sind als Zierpflanzen beliebt, einige wichtige Nahrungspflanzen, z. B. die Kartoffel *Solanum tuberosum*, die Aubergine *Solanum melongena* und die Tomate *Solanum lycopersicon* (syn. *Lycopersicum lycopsersicon*). Ausführliche Informationen zu dieser Nachtschatten-Gattung sind zusammengefasst in dem diesem Kompendium zugehörigen Band:

Orestes, Davias 2007: *Chilifeuer & Knollengenuss*

→ *siehe auch Stichwort Lycopersicum*

Streptosolen

Kanarenblümchen
Marmeladenbusch
Orange marmalade bush

Unterfamilie Cestroideae, Tribus Browallieae

Spezies:
Streptosolen jamesonii (Benth.) Miers

Aussehen:
Streptosolen jamesonii ist ein strauchartiges, kletterndes, immergrünes Gewächs, das bis etwa 2 Meter hoch wird. Die eiförmigen, dicken Blätter sind von runzeliger Struktur, die zygomorphe, trichterförmige Krone ist goldgelb oder in einem leuchtenden Orangerot.

Vorkommen:
Ecuador, Kolumbien, Peru.

Kulturgeschichtliche Verwendung:
Die Pflanze ist wegen ihres wunderschönen goldenen Flors, der vom Frühling bis in den Herbst erscheint, eine beliebte Zierpflanze für den Kübel auf Balkon und im Wintergarten.

Symonanthus

Unterfamilie Anthocercidoideae

Spezies:
Symonanthus aromaticus (C. GARDENER) HAEGI
Symonanthus bancroftii (F. MUELL.) HAEGI

Aussehen:
Symonanthus-Arten sind Sträucher, die 1 - 3 Meter hoch werden. Die elliptischen, eiförmigen oder lanzettlich bis bis linealen Blätter werden bis 5 Zentimeter lang. Die glocken- oder röhrenförmige Blüte ist grünlich-gelb.

Vorkommen:
Australien.

Kulturgeschichtliche Verwendung:
Keine bekannt.

Trianaea

Unterfamilie Juanulloideae

Spezies:
Trianaea naeka S. KNAPP
Trianaea nobilis PLANCH. et LINDEN

Aussehen:
Die beiden Arten sind epiphytische, strauch oder lianenförmig wachsende Pflanzen, die als Liane bis etwa 15 Meter lang und als Strauch bis etwa 6 Meter hoch werden können. Die elliptischen, eiförmig-el-

liptischen oder linealen Blätter werden bis über 30 Zentimeter lang. Die trichterförmigen Blüten erscheinen weiß, gelb, gelb-grün oder bräunlich-gelb.

Vorkommen:
Südamerika.

Kulturgeschichtliche Verwendung:
Keine bekannt.

Triguera

Unterfamilie Solanoideae, Tribus Solaneae, Untertribus Solaninae

Spezies:
Triguera ambrosiaca CAV.

Aussehen:
Der Monotyp ist ein einjähriges, krautiges Gewächs, das bis etwa 80 Zentimeter hoch werden kann. Die umgekehrt eiförmigen Blätter sind zuweilen gezackt. Die glockenförmige, duftende Blüte erscheint violett.

Vorkommen:
Afrika, Spanien.

Kulturgeschichtliche Verwendung:
Triguera ambrosiaca wird selten als Zierpflanze verwendet.

Tubocapsicum

Unterfamilie Solanoideae, Tribus Solaneae, Untertribus Iochrominae

Spezies:
Tubocapsicum anomalum (FRANCH. et SAV.) MAKINO
Tubocapsicum obtusum (MAKINO) KITAMURA

Aussehen:
Die beiden Arten sind perennierende, krautige, bis etwa 1,5 Meter hohe Pflanzen. Die eiförmigen, elliptischen oder lanzettlichen Blätter werden bis 20 Zentimeter lang. Die trichter- bis glockenförmige Blüte ist gelb.

Vorkommen:
Ostasien.

Kulturgeschichtliche Verwendung:
Tubocapsicum anomalum enthält pharmakologisch wertvolle Withanolide und Glykoside (HSIEH et al. 2007, NAOKO et al. 2007). Über eine pharmazeutische Nutzung der Pflanze ist derzeit jedoch nichts bekannt.

Vassobia

Unterfamilie Solanoideae, Tribus Solaneae, Untertribus Capsicinae

Spezies:
Vassobia atropoides RUSBY
Vassobia breviflora (SENDTN.) HUNZIKER
Vassobia dichotoma (RUSBY) BITTER
Vassobia fasciculata (MIERS) HUNZIKER

Vassobia iochromoides HUNZIKER
Vassobia lorentzii (DAMMER) HUNZIKER

Aussehen:
Vassobia-Arten sind strauchartige bis baumförmige Gewächse. Die eiförmigen bis elliptischen Blätter sind ganzrandig oder gewellt. Die trichter- bis radförmigen Blüten sind weiß, rosa, violett oder gelb. Auffällig sind die leuchtend roten Beeren einiger Arten, z. B. von *Vassobia breviflora.*

Vorkommen:
Südamerika.

Kulturgeschichtliche Verwendung:
Vassobia lorentzii und *Vassobia breviflora* enthalten pharmakologisch wertvolle Withanolide, z. B. das zytotoxische Steroide Withaferin A (MISICO et al. 2000; SAMADI et al. 2010). *Vassobia breviflora* wird als Zierpflanze genutzt.

Vestia

Unterfamilie Cestroideae, Tribus Cestreae

Spezies:
Vestia foetida (RUIZ et PAV.) HOFFMANNS.

Aussehen:
Der Monotyp ist ein immergrünes, strauchartiges Gewächs, das bis 1,5 Meter hoch werden kann. Auffällig ist der üble Geruch, den die Pflanze absondert. Die

Vestia foetida

Blätter sind elliptisch, die trompetenförmigen Blüten sind gelb oder grünlich-gelb.

Vorkommen:
Südamerika.

Kulturgeschichtliche Verwendung:
Die Pflanze enthält Alkaloide und andere Inhaltsstoffe (HUNZIKER 2001: 36-38). Sie wird wegen ihres schönen Flors als Zierpflanze verwendet.

Withania

Schlafbeere
Pferdewurzel
Winterkirsche

Unterfamilie Solanoideae, Tribus Solaneae, Untertribus Capsicinae

Withania somnifera

Spezies:
Withania adpressa Coss.
Withania aristata Ait.
Withania coagulans Dun. (Stocks.)
Withania melanocystis B. L. Rob.
Withania somnifera Dunal
Withania sordida Dunal

Aussehen:
Withania-Arten sind perennierend krautige oder strauchartige Pflanzen, die bis etwa 2,5 Meter hoch werden können. Die eiförmig bis elliptischen oder eiförmigen bis zuweilen fast runden Blätter stehen paarweise oder einzeln. Die glockenförmige Blüte ist grün, grünlichgelb, gelb oder orange.

Vorkommen:
Afrika, Asien, Mittelmeerraum.

Kulturgeschichtliche Verwendung:
Heilpflanzen, Rausch- und Ritualpflanzen. Je nach Art enthalten die Pflanzen Steroidlactone, Withanolide und Nikotin. Im arabischen Raum wurde und wird die Wurzel der *Withania somnifera* als Rauschmittel, Aphrodisiakum und Tonikum verwendet, und in Afrika schätzt man die beruhigenden Eigenschaften der Pflanze (Rätsch 1998: 540-542). „Wenn die Deutung des assyrischen Namens als Schlafbeere richtig ist, wurde die Pflanze bereits in Mesopotamien medizinisch und narkotisch genutzt" (Rätsch 1998: 540).

Witheringia

Unterfamilie Solanoideae, Tribus Solaneae, Untertribus Witheringinae

Spezies:
Witheringia acuminata Dun.
Witheringia anonacea Miers
Witheringia asterotricha (Standl.) Hunz.
Witheringia biflora Miers
Witheringia coccoloboides (Dammer) Hunz.
Witheringia crassifolia Dun.
Witheringia crispa Rémy
Witheringia diffusa Miers
Witheringia exiguiflora D'Arcy
Witheringia folliculoides W. G. D'Arcy et J. L. Gentry
Witheringia fuscoviolacea (Cufod.) Hunz.
Witheringia gaudichaudiana Rémy
Witheringia glabrata Miers
Witheringia glandulosa (Miers) Miers
Witheringia hirsuta Gardner
Witheringia hunzikeri D'Arcy
Witheringia jaltomata Miers
Witheringia killipiana Hunz.
Witheringia lindenii (Dunal) Steyerm.
Witheringia meiantha (Donn. Sm.) Hunz.
Witheringia menziesii Dun.
Witheringia microphylla Griseb.
Witheringia montana Dunal
Witheringia mortonii Hunz.
Witheringia physocalycia (Donn. Sm.) J. L. Gentry
Witheringia picta Mart.
Witheringia pogonandra Lem..
Witheringia procumbens (Cav.) Miers

Witheringia purpurea LODD.
Witheringia rhomboidea DUNAL
Witheringia ruderalis RÉMY
Witheringia schottiana MIERS
Witheringia solanacea L'HER.
Witheringia stramoniifolia KUNTH
Witheringia tomatillo J. RÉMY
Witheringia tomentosa J. RÉMY
Witheringia umbellata DUNAL
Witheringia villosa MIERS

Aussehen:
Witheringia-Arten sind krautige oder strauchartige bis baumförmige Pflanzen mit eiförmigen bis elliptischen Blättern. Die rad-, glocken- oder trichterförmigen Blüten sind cremefarben oder weiß, gelb oder grünlich-weiß, teils mit grünen Sprenkeln im Schlund. Auffällig sind die leuchtend roten und gelben Beeren, die von vielen Arten ausgebildet werden.

Vorkommen:
Mittel- und Südamerika.

Kulturgeschichtliche Verwendung:
Witheringia solanacea enthält pharmakologisch wertvolle Physaline (JACOBO-HERRERA et al. 2006). Eine pharmazeutische Nutzung ist bisher jedoch unbekannt.

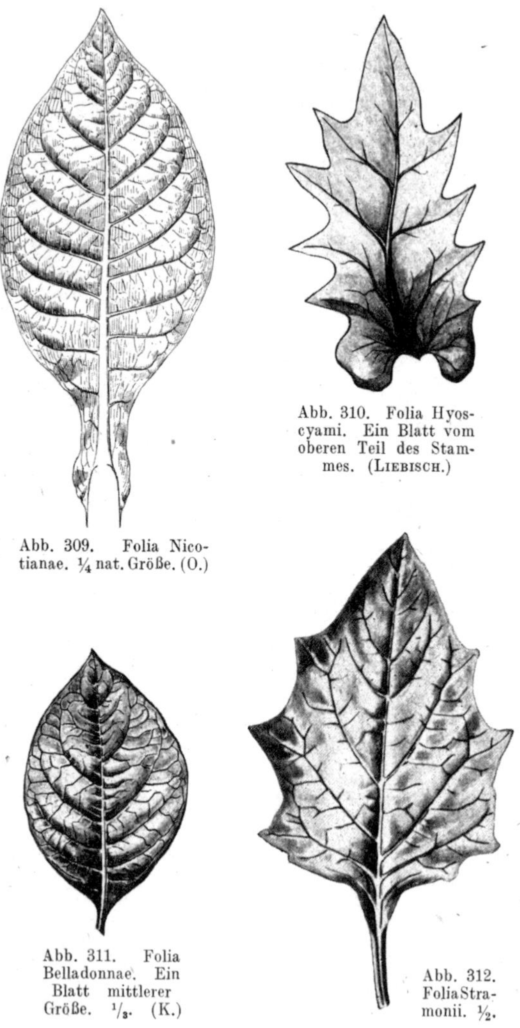

Attraktive Vielfalt: Die Blätter der verschiedenen Nachtschattengewächse sehen sich nicht immer ähnlich. Montage aus: G. KARSTEN/U. WEBER 1949: *Lehrbuch der Pharmakognosie*, Jena: Gustav Fischer, Seite 183

Anhang

Bilsenkraut *Hyoscyamus niger* und Stechapfel *Datura stramonium* auf einer alten Illustration. Quelle: HOFFMANN/DENNERT (1911): Botanischer Bilderatlas, Stuttgart: E. Schweizerbart'sche Verlagsbuchhandlung, Tafel 69

Die psychoaktiven Solanaceae - Geistbewegende Nachtschattengewächse

Eine Übersicht

Mit Stechapfel, Tollkirsche, Bilsenkraut oder Alraune erschöpft sich die Anzahl psychotroper Nachtschattengewächse noch lange nicht. Im Gegenteil. Bislang wurden in insgesamt 34 Gattungen der Familie der Solanaceae psychoaktive Arten nachgewiesen, bei manchen wird eine bewusstseinsverändernde Aktivität vermutet. Dabei enthalten die einzelnen Pflanzen nicht immer nur die Nachtschatten-typischen Tropan-Alkaloide, sondern auch andere Verbindungen wie Cumarine, Pyrrolidin- und andere Alkaloide, Withanolide, Diterpene, Triterpene und viele mehr.
Die jeweilige Angabe zu den Inhaltsstoffen bezieht sich immer auf Analysen der gesamten Gattung, d.h. dass ein für die Gattung angegebener Wirkstoff nicht zwangsläufig in jeder Spezies vorkommt.

Die Gattung Acnistus
Die aktiven Spezies:
Acnistus arborescens
u.a

Inhaltsstoffe: Withanolide (Acnistine, Withaferin A)

Die Gattung Anthoceris
Die aktiven Spezies:
Anthoceris ilicifolia
Anthoceris littorea

Inhaltsstoffe: Tropan-Alkaloide (Scopolamin, Hyoscyamin)

Die Gattung Atropa (Tollkirsche)
Die aktiven Spezies:
Atropa aborescens
Atropa acuminata
Atropa aspera
Atropa baetica
Atropa belladonna
Atropa biflora
Atropa caucasica
Atropa cordata
Atropa digitaloides
Atropa komarovii
Atropa pallidiflora
Atropa rhomboidea (Salpichroa origanifolia)
Atropa x martiana (Hybridform aus *A. belladonna* und *A. baetica)*

Inhaltsstoffe: Tropan-Alkaloide (Atropin, Hyoscyamin, Scopolamin u.a.), Cumarine (Scopoletin), Quercetinabkömmlinge, Kämpferolabkömmlinge

Die Gattung Atropanthe
Die aktiven Spezies:
Atropanthe sinensis

Inhaltsstoffe: Tropan-Alkaloide (Scopolamin)

Die Gattung Brugmansia (Engelstrompete)
Die aktiven Spezies:
Brugmansia arborea
Brugmansia aurea
Brugmansia x candida
Brugmansia x insignis
Brugmansia sanguinea
Brugmansia suaveolens

Brugmansia versicolor
u.v. Hybridformen

Inhaltsstoffe: Tropan-Alkaloide (Atropin, Hyoscyamin, Scopolamin u.a.), Cumarine (Scopoletin)

Die Gattung Brunfelsia (Brunfelsie)
Die aktiven Spezies:
Brunfelsia brasiliensis
Brunfelsia chiricaspi
Brunfelsia grandiflora (*ssp. grandiflora* und *ssp. schultesii*)
Brunfelsia uniflora
Brunfelsia maritima
Brunfelsia mire
Brunfelsia pauciflora

Inhaltsstoffe: Cumarine (Scopoletin), Tropan-Alkaloide (Cuskohygrin), Alkaloide (Äsculetin, Mancin, Manacein)

Die Gattung Capsicum (Chili und Paprika)
Die aktiven Spezies:
Capsicum anuum
Capsicum baccatum
Capsicum buforum
Capsicum campylopodium
Capsicum cardenasii
Capsicum chacoense
Capsicum chinensis
Capsicum coccineum
Capsicum cornutum
Capsicum dimorphum
Capsicum dusenii
Capsicum eximium
Capsicum frutescens

Capsicum galapagoensis
Capsicum geminifolium
Capsicum hookerianum
Capsicum lanceolatum
Capsicum leptopodum
Capsicum minutiflorum
Capsicum mirabile
Capsicum parvifolium
Capsicum pubescens
Capsicum schottianum
Capsicum scolnikianum
Capsicum tovarii
Capsicum villosum
Capsicum praetermissum
u.a.

Inhaltsstoffe: Capsaicin, Alkaloide, Glykoside, Flavonoide

Die Gattung Cestrum (Hammerstrauch)
Die aktiven Spezies:
Cestrum aurantiacum
Cestrum diurnum
Cestrum elegans
Cestrum laevigatum
Cestrum latifolium
Cestrum nocturnum
Cestrum ochraceum
Cestrum parqui
Cestrum rubrum
u.a.

Inhaltsstoffe: Saponine (Yuccagenin, Gitogenin, Tigogenin, Digallogenin, Digitogenin), Steroidalalkaloide (Solasonin, Solasonidin), Alkaloide (Parquin u.a.), Glykoside, Gerbstoffe, Pyrrolidinalkaloide (Nikotin), Triterpene, Fitoesterol, vielleicht Tropeine (ungeklärt).[1]

Die Gattung Crenedium
Die aktiven Spezies:
Crenedium spinescens

Inhaltsstoffe: Tropan-Alkaloide (Hyoscyamin)

Die Gattung Cyphanthera
Die aktiven Spezies:
Cyphanthera anthocercidea

Inhaltsstoffe: Tropan-Alkaloide (Hyoscyamin)

Die Gattung Cyphomandra
Die aktiven Spezies:
Cyphomandra betacea
Cyphomandra endopogon
Cyphomandra hartwegii
u.a.

Inhaltsstoffe: Pyrrolidinalkaloide (Nikotin)

Die Gattung Datura (Stechapfel)
Die aktiven Spezies:
Datura ceratocaula
Datura discolor
Datura innoxia
Datura kymatocarpa
Datura lanosa
Datura leichhardtii

[1] Cestrum diurnum enthält ein Alkaloid, das pharmakologisch dem Atropin ähnelt (Rätsch 1998:163)

Datura metel
Datura pruinosa
Datura quercifolia
Datura reburra
Datura stramonium
Datura wrightii
Datura velutinosa
Datura villosa

Inhaltsstoffe: Tropan-Alkaloide (Atropin, Hyoscyamin, Scopolamin u.a.), Pyrrolidinalkaloide (Nikotin, Hygrin), Withanolide (Daturilin, Withametelin, Daturilinol, Secowithametelin u.a.), Lectine, Peptide, Cumarine, Kaffee- und Zimtsäureester

Die Gattung Duboisia (Pituristrauch und Korkrindenbaum)
Die aktiven Spezies:
Duboisia hopwoodii
Duboisia leichhardtii
Duboisia myoporoides
Duboisia myoporoides x leichhardtii (Hybridform)

Inhaltsstoffe: Tropan-Alkaloide (Atropin, Scopolamin, Hyoscyamin, Tropin, Hyoscin, Tiglioidin, Norhyoscyamin, Norhyoscin, Apohyoscin u.v.a.), Alkaloide (Anabasin, Anatabin, Anatalline, Bipyridyl, Cotinin, Piturin, Duboisin, D-nor-Nikotin, Nikotin, Metanikotin, Myosmin, N-Acetylnornikotin, N-Formylnornikotin u.v.a.), beta-Phenethylaminderivate u.a.

Die Gattung Dunalia
Die aktiven Spezies:
Dunalia australis
u.a.

Inhaltsstoffe: Withanolide (Dunawuthanin A und B)

Die Gattung Fabiana

Die aktiven Spezies:
Fabiana barriosii
Fabiana bryoides
Fabiana densa
Fabiana denudata
Fabiana ericoides
Fabiana imbricata
Fabiana squamata
u.a.

Inhaltsstoffe: Alkaloide (Fabianin), Cumarine (Scopoletin), Flavonoide (Rutin), Zuckerarten, Alkane, Fettsäuren, Murolane, Sesquiterpene, Glykoside, Kämpferol, Fabiatrina, Bitterstoff, ätherisches Öl u.a.

Die Gattung Hyoscyamus (Bilsenkraut)

Die aktiven Spezies:
Hyoscyamus albus
Hyoscyamus aureus
Hyoscyamus bohemicus
Hyoscyamus boveanus
Hyoscyamus desertorum
Hyoscyamus muticus
Hyoscyamus niger
Hyoscyamus pallidus
Hyoscyamus physaloides
Hyoscyamus pusillus
Hyoscyamus reticulatus
*Hyoscyamus x györffy*i (Hybridform aus *H. niger* und *H. albus*)

Inhaltsstoffe: Tropan-Alkaloide (Atropin, Hyoscyamin, Scopolamin u.a.), Flavonoide (Rutin), Cumarine

Die Gattung Iochroma (Veilchenstrauch)
Die aktiven Spezies:
Iochroma coccineum
Iochroma cyaneum
Iochroma fuchsioides
Iochroma grandiflorum

Inhaltsstoffe: Tropan-Alkaloide (Atropin, Hyoscyamin, Scopolamin), Withanolide

Die Gattung Jaborosa
Die aktiven Spezies:
Jaborosa spp.

Inhaltsstoffe: Withanolide (Jaborosalactone, Jaborosalatole)

Die Gattung Juanulloa
Die aktiven Spezies:
Juanulloa aurantiaca
Juanulloa ochracea
Juanulloa parasitica
u.a.

Inhaltsstoffe: Tropan-Alkaloide (Atropin, Hyoscyamin, Scopolamin), Alkaloide (Parquin)

Die Gattung Latua (Baum der Zauberer)
Die aktive Spezies (Gattung mit nur einer Spezies):
Latua pubiflora

Inhaltsstoffe: Tropan-Alkaloide (Atropin, Scopolamin)

Die Gattung Lycium (Bocksdorn)
Die aktiven Spezies:
Lycium barbarum
Lycium chinense
u.a.

Inhaltsstoffe: Tropan-Alkaloide (Scopolamin), Withanolide

Die Gattung Mandragora (Alraun)
Die aktiven Spezies:
Mandragora autumnalis
Mandragora caulescens
Mandragora chinghaiensis
Mandragora morion
Mandragora officinarum
Mandragora shebbearei
Mandragora turcomanica

Inhaltsstoffe: Tropan-Alkaloide (Atropin, Hyoscyamin, Scopolamin, Mandragorin u.a.), Cumarine (Scopolin, Scopoletin), Zuckerarten, Sitosterol, Stärke, ätherisches Öl

Die Gattung Markea
Die aktive Spezies:
Markea formicarium

Inhaltsstoffe: Cumarine (vermutl. Scopoletin)

Die Gattung Nicandra
Die aktiven Spezies:
Nicandra physalodes
u.a.

Inhaltsstoffe: Withanolide (Nicandrenon)

Die Gattung Nicotiana (Tabak)

Die aktiven Spezies:

Nicotiana acuminata
Nicotiana africana
Nicotiana alata (Geflügelter Tabak)
Nicotiana angustifolia
Nicotiana arentsii (N. undulata x N. wigandioides)
Nicotiana attenuata
Nicotiana benthamiana
Nicotiana bigelovii
Nicotiana clevelandii
Nicotiana debneyi
Nicotiana excelsior
Nicotiana exigua
Nicotiana forgetiana
Nicotiana fragrans
Nicotiana glauca
Nicotiana glutinosa
Nicotiana goodspeedii
Nicotiana gossei
Nicotiana ingulba
Nicotiana langsdorffii
Nicotiana latissima
Nicotiana longiflora
Nicotiana maior
Nicotiana maritima
Nicotiana megalosiphon
Nicotiana mexicana (Varietät von *N. tabacum*?)
Nicotiana multivalvis
Nicotiana noctiflora
Nicotiana occidentalis
Nicotiana ondulata
Nicotiana palmeri
Nicotiana paniculata

Nicotiana petunioides
Nicotiana plumbaginifolia
Nicotiana pusilla
Nicotiana repanda
Nicotiana quadrivalvis
Nicotiana raimondii
Nicotiana repanda
Nicotiana rustica (N. undulata x N. paniculata; Bauerntabak)
Nicotiana solanifolia
Nicotiana stimulans
Nicotiana suaveolens
Nicotiana sylvestris (Dufttabak, Bergtabak)
Nicotiana tabacum (Virginischer Tabak)
Nicotiana tomentosiformis
Nicotiana trigonophylla
Nicotiana undulata
Nicotiana velutina
Nicotiana wigandioides
Nicotiana x
Nicotiana x sanderae (Hybridform aus *N. alata* und *N. forgetiana;* Ziertabak)
u.v.a.

Inhaltsstoffe: Pyrrolidinalkaloide (Nikotin, Nornikotin, Nicotyrin, Anabasin), Harman-Alkaloide, Nicotianin, Amine, Flavone, Cumarine, Piperidine u.a.[2]

Die Gattung Petunia (Petunien)
Die aktiven Spezies:
Petunia parodii
Petunia patagonica

[2] Im Tabakrauch sind Hunderte weiterer Wirkstoffe gefunden worden, z.B. Myrsiticin (in *Myristica fragrans* {Muskatnuss})

Petunia violacea
Inhaltsstoffe: Diterpene, Ketone

Die Gattung Physalis
Die aktiven Spezies:
Physalis alkekengi
Physalis angulata
Physalis ixocarpa
Physalis minima
Physalis peruviana
Physalis prienrianus
Physalis pubescens
Physalis reticulatus
u.v.a.

Inhaltsstoffe: Cumarine (Scopoletin), Withanolide (Withaperuvine, Withaphysaline, Perulactone, Physalolacton, B-3-O-glucosid, Ixocarpalactone u.a.), Tropan-Alkaloide, Hygrin-Alkaloide, Physalin A, B und C

Die Gattung Physochlaina
Die aktiven Spezies:
Physochlaina praealta

Inhaltsstoffe: Tropan-Alkaloide (Hyoscyamin)

Die Gattung Scopolia (Tollkraut)
Die aktiven Spezies:
Scopolia anomala
Scopolia carniolica
Scopolia carniolicoides
Scopolia japonus
Scolopia lurida

Inhaltsstoffe: Tropan-Alkaloide (Atropin, Hyoscyamin, Scopolamin u.a.), Cumarine (Scopolin, Scopoletin), Chlorogensäure

Die Gattung Solandra (Goldkelch)

Die aktiven Spezies:
Solandra brevicalyx
Solandra grandiflora
Solandra guerrerensis
Solandra guttata
Solandra hirsuta
Solandra macrantha
Solandra nitida

Inhaltsstoffe: Tropan-Alkaloide (Atropin, Hyoscyamin, Scopolamin u.v.a.)

Die Gattung Solanum (Nachtschatten)

Die aktiven Spezies:
Solanum dulcamara
Solanum elaeagnifolium
Solanum hirtum
Solanum hypomalacophyllum
Solanum jacquini
Solanum leptopodum
Solanum ligustrinum
Solanum mammosum
Solanum nigrum
Solanum sodomaeum
Solanum subinerme
Solanum topiro
Solanum tuberosum (Kartoffel)
Solanum varbascifolium
Solanum villosum
u.v.a.

Inhaltsstoffe: Solaninderivate, Tropan-Alkaloide, Steroidalalkaloidglykoside, Diazepam und andere Benzodiazepinderivate u.a.

Die Gattung Trechonaetes
Die aktiven Spezies:
Trechonaetes laciniata
Trechonaetes sativa
u.a.

Inhaltsstoffe: Withanolide (Trechonolide, Trechonolid A)

Die Gattung Withania (Schlafbeere)
Die aktiven Spezies:
Withania aristata (ungewiss)
Withania coagulans
Withania frutescens (ungewiss)
Withania somnifera

Inhaltsstoffe: Withanolide (Withaferine, Withasomnilid, Withasomniferanolid, Somniferin, Somniferanolid, Somniferawithanolid, Somniwithanolid u.a.), Pyrrolidinalkaloide (Nikotin)

Die Gattung Witheringia
Die aktiven Spezies:
Witheringia asterotricha
Witheringia bristaniana
u.a.

Inhaltsstoffe: Withanolide

Über den Autor

Markus Berger, geboren 1974 in Kassel, von Beruf Schriftsteller, Künstler, und Journalist, lebt mit seiner Familie zurückgezogen auf einem ehemaligen Bauernhof im nordhessischen Felsberg.

Berger ist Autor zahlreicher Bücher und ungezählter Buchbeiträge und hat für so gut wie jede große Zeitung im deutschsprachigen Raum geschrieben. Er ist Verfasser von weit über 1000 Artikeln, Glossen, Features, Reportagen, Kolumnen etc., die in Zeitungen und Zeitschriften in Deutschland, Österreich, der Schweiz, Spanien, USA, England, Holland, Frankreich, Tschechien, Ungarn und anderswo erschienen sind.
Markus Berger liebt seine Frau und den Rest der Familie, Bücher & Literatur, Avantgarde, psychoaktive Hirnwelten & Rauchen, Hans Henny Jahnn, Jean Paul & Arno Schmidt, Sprache & Wein, Theater, Musik & Kunst, drei Katzen und zwei Rottweiler; man sagt, er spinne zuweilen.

Berger ist Autor der Nachtschattenbücher:

Stechapfel und Engelstrompete – Ein halluzinogenes Schwesternpaar (2003)
Handbuch für den Drogennotfall (2004)
Die Tollkirsche – Königin der dunklen Wälder (2008)

Danksagung

Im Zusammenhang mit der Produktion dieses Buches bin ich wie immer einigen Personen zu unendlichem Dank verpflichtet, weil sie mich nach Kräften unterstützt und mir alle Unzulänglichkeiten verziehen haben, die sich während der Schreibarbeiten von meiner Seite einstellen mussten.

Ich danke meiner geliebten Frau Jutta, ohne die mein Leben gar nicht möglich wäre. Ich danke meinem Sohn Mirko und meiner Stieftochter Melina, die durch ihre bloße Existenz eine Freude für mich sind. Ich danke meinen Eltern Marianne und Reinhard für alles, für alles, für alles. Fette Grüße an Brüderchen Andi und Herzensdame Bubsy.

Ich danke meinem Freund und Verleger Roger Liggenstorfer für die Geduld, die er immer wieder für mich aufbringt und für seine Unterstützung. Nicht zu vergessen: die Nachtschatten-Crew und Janine Warmbier für die liebevolle Postproduktion des Buchs. Ich danke meinen Freunden Christian Rätsch und Claudia Müller-Ebeling, Jochen Gartz, Wolfgang Bauer, Ulrich Holunderbein, pi, Alechs Oxe und Rohdwin Harte, die mir immer wieder und seit eh und je unerschöpflicher Quell der Inspiration sind. Spezieller Dank geht an meinen Kardiologen Wolfgang Dausch aus Fritzlar, der im Sommer 2008 dafür gesorgt hat, dass ich dieses Buch überhaupt noch habe schreiben können.

THX to Cypress Hill, Kottonmouth Kings, Funkdoobiest, House of Pain, The Doors, Peter Tosh, Bob Marley, Mezz Mezzrow, Adam Freeland, The Who, Chemical Brothers, Beck, Beastie Boys, Goa Gil, Björk, Sepultura, Cavalera Conspiracy, Leoš Janáçek, Johann Sebastian Bach, Ludwig van Beethoven und vielen anderen für ihre großartige Musik, that keeps me high & happy.

Thanks for all. The Psychedelic Circus is always growing.

Markus Berger, Felsberg-Beuern im Oktober 2010

(nicht mehr Bad Wildungen und nicht mehr Knüllwald; nevermore!!)

Bibliografie

ALMEIDA-LAFETÁ, Rita de Cássia

2000 A New Species of Aureliana (Solanaceae) from Minas Gerais, Brazil. *Novon* 10(3): 187-189.

ALTSCHUL. Siri Von Reis

1973 *Drugs and foods from little-known plants.* Harvard Univ. Press: 143-145.

AVERETT, John Earl

2009 Taxononomy of *Leucophysalis* (*Solanaceae*, Tribe *Physaleae*). In: *Rhodora,* Band 111, Nummer 946: 209–217.

2009 Schraderanthus, a new Genus of Solanaceae. In: *Phytologia*, Band 91, Nummer 1: 54–61.

AVERETT, John Earl und Tom J. MABRY

1971 Flavonoids of the North American species of *Leucophysalis* (Solanaceae), *Phytochemistry* 10(9): 2199-2200.

AVERETT, John Earl und W. G. D'ARCY

1983 Flavonoids of Oryctes (Solanaceae) [Oryctes nevadensis, isolation from the methanolic leaf extracts], *Phytochemistry* 22(10): 2325-2326.

BERGER, Markus

2003 Solanaceae der Aphrodite, *Entheogene Blätter* 5,03

2003 Die aktiven *Solanaceae*, *Entheogene Blätter* 5,03

2003 *Stechapfel und Engelstrompete,* Solothurn: Nachtschatten-Verlag

2007 Nachtschattengewächse mit Zierwert, *Gartenpraxis* 9: 52-56.

2009 Wenig bekannte Solanaceen im Kübel, *Gartenpraxis* 4: 40-45.

BERGER, Markus, HOTZ , Oliver

2008 *Die Tollkirsche,* Solothurn: Nachtschatten-Verlag

BOERIS, Mónica A.; TOSO, Ricardo E.; SKLIAR, Mario I.

2004 Actividad Antiinflamatoria de Salpichroa origanifolia. Acta Farm. *Bonaerense* 23(2): 138-141.

BRAVO B., José A. und Michel SAUVAIN, Alberto GIMENEZ T., Elfride BALANZA, Laurent SERANI, Olivier LAPRÉVOTE, Georges MASSIOT, Catherine LAVAUD

2001 Trypanocidal Withanolides and Withanolide Glycosides from Dunalia brachyacantha, *J. Nat. Prod.* 64(6): 720–725.

CAMANI, A.

1999 Caratteristiche morfologiche ed ultrastrutturali ed esigenze ambientali di due Solanaceae del Sud-America coltivate nell'Orto Botanico di Padova. *Tesi di Laurea*. Università degli Studi di Padova.

CHUN, Malcolm Naea

1994 *Native Hawaiian Medicine,* First People's Productions, Honolulu

CIRIGLIANO, Adriana M. und Adriana S. VELEIRO, Juan C. OBERTI, Gerardo BURTON

2002 Spiranoid Withanolides from Jaborosa odonelliana, *J. Nat. Prod.* 65(7): 1049–1051.

DAVIAS, Orestes

2009 *Chilifeuer & Knollengenuss,* Solothurn: Nachtschatten Verlag

DAANDAI, G.; Naran, R.; GANTIMUR, G.; SYRCHINA, A. I.; LARIN, M. F.; SEMENOV, A. A.

1988 Coumarins of Physochlaina physaloides, *Chemistry of Natural Compounds* 24(1): 117-118.

D'ARCY, W. G.

1972 Solanaceae studies II. Typification of subdivisions of Solanum. *Annals Missouri Botanical Garden* 59:262–278.

1973 Solanaceae. In R. E. Woodson and R. W. Schery, eds., Flora of Panama. *Annals Missouri Botanical Garden* 60:573–780.

DEHARO, E. und M. SAUVAIN, C. MORETTI, B. RICHARD, E. RUIZ, G. MASSIOT

1992 Antimalarial effect of n-hentriacontanol isolated from Cuatresia sp (Solanaceae), *Annales de parasitologie humaine et comparée* 67 (4): 126-7.

DUKE, James A.

1992 *Handbook of phytochemical constituents of Gras herbs and other economic plants.* Boca Raton FL: CRC Press

1996 *Phytochemical and Ethnobotanical Databases,* http://www.ars-grin.gov/duke/

ECHEVERRI, Fernando und Winston QUIÑONES, Fernando TORRES, Gloria CARDONA, Rosendo ARCHBOLD, Javier G. LUIS, Antonio G. GONZÁLEZ

1995 Withajardin E, A withanolide from Deprea orinocensis, *Phytochemistry* 40, Issue 3: 923-925.

El Imam. Y.M.; Evans, W.C.
1984 Tropane alkaloids of species of anthocercis, cyphanthera and crenidium. *Planta Med.* 50(1): 86-7.

Erazo, Silvia und Giovanna Rocco, Mercedes Zaldivar, Carla Delporte, Nadine Backhouse, Consuelo Castro, Eliana Belmonte, Franco Delle Monache, Ruben Garcia
2008 Active Metabolites from Dunalia spinosa Resinous Exudates, *Z. Naturforsch.* 63c: 492-496.

Francis, John K.
o.J. *Acnistus arborescens.* U.S. Department of Agriculture, Forest Service, International Institute of Tropical Forestry: http://www.fs.fed.us/global/iitf/pdf/shrubs/Acnistus%20arborescens.pdf

Gambaro, Vicente und Marisa Piovano, Juan A. Garbarino
1986 9-acetoxynerolidol from Phrodus bridgesii, *Phytochemistry* 25(3): 739-740.

Gardner, Martin F.
2002 The Potential for Chilean Plants in Cultivation. In: *Combined Proceedings International Plant Propagators' Society* 52: 285-290.

Gil, Roberto R. und Rosana I. Misico, Ignacio R. Sotes, and Juan C. Oberti
1997 16-Hydroxylated Withanolides from Exodeconus maritimus, *J. Nat. Prod.* 60(6): 568–572.

Habtemariam, Solomon und Alexander I. Gray, Peter G. Waterman
1993 16-Oxygenated withanolides from the leaves of Discopodium penninervium, *Phytochemistry* 34 (3): 807-811.

Habtemariam, Solomon und Brian W. Skelton, Peter G. Waterman, Allan H. White
2000 17-Epiacnistin-A, a Further Withanolide from the Leaves of Discopodium penninervium, *J. Nat. Prod.* 63(4): 512–513.

Hartwell, J.L.
1967-71 Plants used against cancer. A survey. *Lloydia* 30-34.

Hawkes, J. G. et al.
1979 *The biology and taxonomy of the Solanacae.* (Biol Solan) 67.
1991 Solanaceae III: Taxonomy, Chemistry, Evolution. *Royal Botanic Gardens*, Kew

HEISER, C. B.
1968 Some Ecuadorian and Colombian Solanums with edible fruits. *Ciencia y Naturaleza* 11:13–9.
1971 Notes on some species of Solanum (Sect. Leptostemonum) in Latin America. *Baileya* 18:59–65.
1984 The ethnobotany of the neotropical Solanaceae. *Advances in Economic Botany* 1:48–52.
1985 Ethnobotany of the naranjilla (Solanum quitoense) and its relatives. *Economic Botany* 39:4–11.
1989 Artificial hybrids in Solanum sect. Lasiocarpa. *Systematic Botany* 14:3–6.
1993 The naranjilla (Solanum quitoense), the cocona (Solanum sessiliflorum) and their hybrids. Pages. 29–34. in Gustafson et al., eds., *Gene conservation and exploitation.* Plenum Press, New York.

HEISER, C. B. and G. ANDERSON.
1999 "New" solanums. Pages. 379–384. in J. Janick, ed., *Perspectives on new crops and new uses.* ASHS Press, Alexandria, Virginia.

HSIEH, Pei-Wen und Zih-You HUANG, Jyun-Hong CHEN, Fang-Rong CHANG, Ching-Chung WU, Yu-Liang YANG, Michael Y. CHIANG, Ming-Hon YEN, Shu-Li CHEN, Hsin-Fu YEN, Tilo LÜBKEN, Wen-Chun HUNG, Yang-Chang WU
2007 Cytotoxic Withanolides from Tubocapsicum anomalum, *J. Nat. Prod.* 70(5): 747–753.

HUNNIUS, Curt
1998 *Pharmazeutisches Wörterbuch.* Berlin/New York: De Gruyter

HUNZIKER, Armando T.
1979 South America Solanaceae: A synoptic survey. Pages. 49–85. in J. G. Hawkes, R. Lester, and A. D. Skelding, eds., *The biology and taxonomy of the Solanaceae.* Academic Press, London.
2001 *The Genera of Solanaceae.* Ruggell: A.R.G. Gantner Verlag

JACOBO-HERRERA, N. J. und P.BREMNER, N. MARQUEZ, M. P. GUPTA, S.GIBBONS, E. MUNOZ, M. HEINRICH
2006 Physalins from Witheringia solanacea as modulators off the NF-kappa B cascade. *Journal of Natural Products,* 69(3): 328-331.

KNAPP, S. et al.
1997 A phylogenetic conspectus of the Juanulloeae (Solanaceae). *Ann. Missouri Bot. Gard.* 84: 67–89.

KO-ZEN, Kuang und LU AN-MING
1978 Solanaceae. Fl. Reipubl. *Popularis Sin.* 67(1): 1-175.

KRAUSS, Beatrice
1993 *Plants in Hawaiian Culture*, University of Hawaii Press, Honolulu

LIQIONG, Fang und CHAI Hee-Byung, CASTILLO Juan J, SOEJARTO Djaja D, FARNSWORTH Norman R, CORDELL Geoffrey A, PEZZUTO John M, KINGHORN A DOUGLAS
2003 Cytotoxic constituents of Brachistus stramoniifolius, *Phytotherapy research : PTR* 2003;17(5): 520-3.

LUIS, Javier G. und Fernando ECHEVERRI, Antonio G. GONZÁLEZ
1994 Acnistins C and D, withanolides from Dunalia solanacea, *Phytochemistry* 36(5): 1297-1301.

MALO, David
1951 Hawaiian Antiquities (Moolelo Hawaii). Translated by Nathaniel B. Emerson. *Bishop Museum Special Publication* 2, Bishop Museum Press, Honolulu

MANGIALAVORI, Massimo
2007 *Solanaceae,* Narayana-Verlag

MAREGGIANI, Graciela und María I. PICOLLO, Adriana S. VELEIRO, María C. TETTAMANZI, Miriam O. V. BENEDETTI-DOCTOROVICH, Gerardo BURTON, Eduardo ZERBA
2002 Response of Tribolium castaneum (Coleoptera, Tenebrionidae) to Salpichroa origanifolia Withanolides, *J. Agric. Food Chem.* 50(1): 104–107.

MARLIES, Sazima und BUZATO Silvana, SAZIMA Ivan
2003 Dyssochroma viridiflorum (Solanaceae): a reproductively bat-dependent epiphyte from the Atlantic rainforest in Brazil, *Annals of botany* 92(5): 725-730.

MARTIN, G. J.
1995 *Ethnobotany.* Chapman and Hall, London.

MISICO, Rosana I. und Adriana S. VELEIRO, Gerardo BURTON, Juan C. OBERTI
1997 Withanolides from Jaborosa leucotricha, *Phytochemistry* 45(5): 1045-1048.

MISICO, Rosana I. und Roberto R. GIL, Juan C. OBERTI, Adriana S. VELEIRO, and Gerardo BURTON
2000 Withanolides from Vassobia lorentzii, *J. Nat. Prod.* 63(10): 1329–1332.

MORETTI, C. und M. SAUVAIN, C. LAVAUD, G. MASSIOT, J.-A. BRAVO, V. MUÑOZ
1998 A Novel Antiprotozoal Aminosteroid from Saracha punctata, *J. Nat. Prod.* 61(11): 1390–1393.

MÜLLER-EBELING, Claudia, RÄTSCH, Christian
2004 *Zauberpflanze Alraune*, Solothurn: Nachtschatten Verlag

NAOKO, Kiyota und Shingu KAZUSHI, Yamaguchi KOKI, Yoshitake YASUYUKI, Harano KAZUNOBU, Yoshimitsu HITOSHI, Ikeda TSUYOSHI, Nohara TOSHIHIRO
2007 New C28 steroidal glycosides from Tubocapsicum anomalum, *Chemical & Pharmaceutical Bulletin* 56(7): 1038-1040.

NEE, M. et. al.
1999 Solanaceae IV, Advances in Biology and Utilization. *Royal Botanic Gardens,* Kew

OCHSNER, Patrizia Felizitas
2003 *Hexensalben und Nachtschattengewächse,* Solothurn: Nachtschatten Verlag

OLMSTEAD, Richard G. et al.
1999 Phylogeny and Provisional Classification of the Solanaceae Based on Chloroplast DNA. In *Solanaceae* IV, Advances in Biology and Utilization, Editoren: M. NEE, D. E. SYMON, J. P. JESSUP, and J. G. HAWKES, Royal Botanic Gardens, Kew. Seiten 111-137.

OLMSTEAD, Richard G. und Lynn BOHS
2007 A Summary of Molecular Systematic Research in Solanaceae: 1982-2006. In: D.M. Spooner et al. (Hrsg.): *Solanaceae* VI: Genomics Meets Biodiversity, ISHS Acta Horticulturae 745

OTSUKA, Rafaela et al.
2010 Psychoactive Plants Described in a Brazilian Literary Work and their Chemical Compounds. Central Nervous System Agents in Medicinal Chemistry (Formerly *Current Medicinal* 10(3): 218-237(20)

RAFFAUF, Robert F. et al.
1991 The Withanolides of Iochroma fuchsioides. *J. Nat. Prod.* 54 (6): 1601–1606.

RÄTSCH, Christian
1998 *Enzyklopädie der psychoaktiven Pflanzen*. Aarau: AT Verlag
2002/03 *Schamanenpflanze Tabak I und II*, Solothurn: Nachtschatten Verlag

RANCHO Margot
2010 Living Farmacy at Rancho Margot. http://livingfarmacy.wordpress.com/herb-identification

RASCIO, N., A. CAMANI, L. SACCHETTI, I. MORO, G. CASSINA, F. TORRES, E. M. CAPPELLETTI, and M. G. PAOLETTI.
2002 Acclimatization trials of some Solanum species from Amazanos Venezuela at the Botanical Garden of Padova. *Economic Botany* 56:306–315.

RIPPERGER, H.
1995 (S)-scopolamine and (S)-norscopolamine from Atropanthe sinensis. *Planta Med.* 61(3): 292-3.

RODRÍGUEZ Rodríguez, ERIC F.
2006 Una nueva especie de Markea (Solanaceae: Juanulloeae) para el Perú /A new species of Markea (Solanaceae: Juanulloeae) from Peru. Herbarium Truxillense (HUT), Universidad Nacional de Trujillo, Jr. San Martín 392, Trujillo- PERÚ. efrr@unitru.edu.pe. http://revistas.concytec.gob.pe/scielo.php?script=sci_arttext&pid=S1815-82422006000200006&lng=es&nrm=iso&tlng=es

ROUMY, V. et al.
2010 Antifungal and cytotoxic activity of withanolides from Acnistus arborescens. *J Nat Prod.* 23;73(7): 1313-7.

SAMADI, Abbas K.; TONG, Xiaoqin; MUKERJI, Ridhwi; ZHANG, Huaping; TIMMERMANN, Barbara N.; COHEN, Mark S.
2010 Withaferin A, a Cytotoxic Steroid from Vassobia breviflora, Induces Apoptosis in Human Head and Neck Squamous Cell Carcinoma. *J. Nat. Prod.* 73(9): 1476–1481.

SCHULTES, R. E.
1958 A little-known cultivated plant from northern South America. *Botanical Museum Leaflet,* Harvard University 18:229–244.

SCHULTES, R. E. and R. F. RAFFAUF.
1990 Medicinal and toxic plants of the Northwest Amazonia. Pages. 436–444. in T. R. Dudley, ed., *The healing forest.* Portland, Oregon.

SCHULTES, R. E. und Albert HOFMANN
1998 *Pflanzen der Götter.* Aarau: AT Verlag

Kronengasse 11 | Postfach 448 | CH-4502 Solothurn
Telefon 0041 32 621 89 49 | Telefax 0041 32 621 89 47
info@nachtschatten.ch | www.nachtschattenverlag.ch

Christian Rätsch
Schamanenpflanze Tabak - Band I
Kultur und Geschichte des Tabaks in der Neuen Welt
ISBN 978-3-907080-79-5
360 Seiten, 14 × 21 cm, illustriert, Broschur

Christian Rätsch
Schamanenpflanze Tabak - Band II
Das Rauchkraut erobert die Alte Welt
ISBN 978-3-907080-94-8
270 Seiten, 14 × 21 cm, Farbfotos,
illustriert, Broschur

Kulturgeschichte des Tabaks
Beide Bände zusammen
ISBN 978-3-03788-107-1
640 Seiten, eingeschweisst

Markus Berger
Stechapfel und Engelstrompete
Ein halluzinogenes Schwesternpaar
ISBN 978-3-03788-108-8
184 Seiten, 14 × 21 cm,
4 Farbseiten, Broschur

Patrizia Felizitas Ochsner
Hexensalben und Nachtschattengewächse
Medizin und Zaubermittel
ISBN 978-3-907080-86-3
225 Seiten, 14 × 21 cm, Farbfotos,
illustriert, Broschur